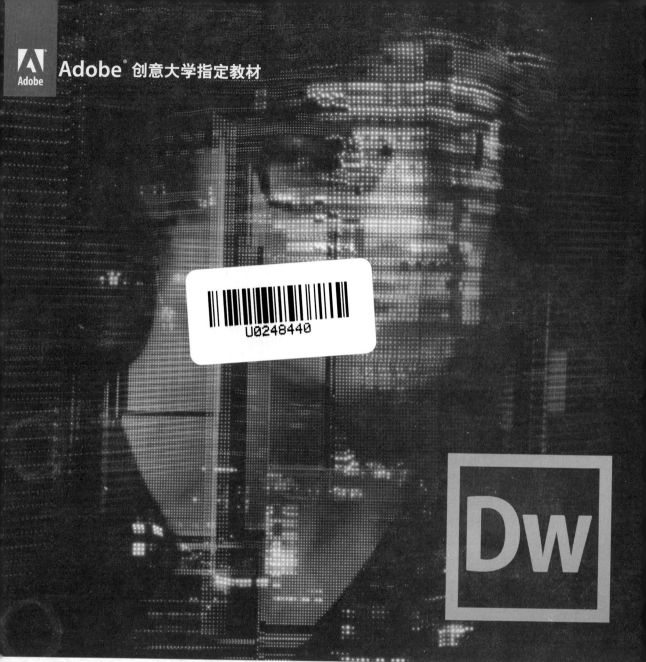

Adobe 创意大学指定教材

U0248440

Dw

Adobe® 创意大学
Dreamweaver CS6标准教材

1DVD 多媒体教学光盘

● 本书实例的素材文件以及效果文件
● 本书120分钟的实例同步高清视频教学

北京希望电子出版社 　总策划
唐　琳　孟祥丽　李少勇　编　著

北京希望电子出版社
Beijing Hope Electronic Press
WWW.bhp.com.cn

内容简介

Dreamweaver CS6 是业界领先的 web 开发工具，该工具可以使用户高效地设计、开发和维护基于标准的网站和应用程序。

本书详细地介绍了 Dreamweaver CS6 产品的各项功能，共 13 章，其中包括基本操作、本地站点的搭建与管理、文本与图像的应用、表格的应用、超链接、网页整体效果设置、AP Div 的应用、框架的应用、CSS 样式的应用、表单的应用、行为的应用、模板和库的应用等内容。本书知识结构清晰，以"理论知识+实战案例"的形式循序渐进地对知识点进行了介绍，版式设计新颖，对 DreamweaverCS6 产品专家认证的考核知识点进行了加着重点的标注，方便初学者和有一定基础的读者更有效率地掌握重点和难点。

本书可以作为参加"Adobe 创意大学产品专家认证"考试学生的指导用书，还可以作为各院校和培训机构"数字媒体艺术"相关专业的教材。

本书附带光盘中提供了所有场景实例的 index 文件和实例的多媒体教学视频文件。

图书在版编目（ＣＩＰ）数据

Dreamweaver CS6 标准教材/唐琳，孟祥丽，李少勇编著.—北京：北京希望电子出版社，2013.4

（Adobe 创意大学系列）

ISBN 978-7-83002-093-4

Ⅰ．①D… Ⅱ．①唐…②孟…③李… Ⅲ．①网页制作工具—教材 Ⅳ．①TP393.092

中国版本图书馆 CIP 数据核字(2013)第 017832 号

出版：北京希望电子出版社

地址：北京市海淀区上地 3 街 9 号

　　　金隅嘉华大厦 C 座 611

邮编：100085

网址：www.bhp.com.cn

电话：010-62978181（总机）转发行部

　　　010-82702675（邮购）

传真：010-82702698

经销：各地新华书店

封面：韦　纲

编辑：韩宜波　刘俊杰

校对：刘　伟

开本：787mm×1092mm　1/16

印张：19.5

字数：445 千字

印刷：北京市密东印刷有限公司

版次：2013 年 4 月 1 版 1 次印刷

定价：42.00 元（配 1 张 DVD 光盘）

丛书编委会

主　任： 王　敏

编委（或委员）：（按照姓氏字母顺序排列）

本书编委会

主　编： 北京希望电子出版社

编　者： 唐　琳　　孟祥丽　　李少勇

审　稿： 韩宜波　　刘俊杰

丛 书 序

　　文化创意产业是社会主义市场经济条件下满足人民多样化精神文化需求的重要途径，是促进社会主义文化大发展大繁荣的重要载体，是国民经济中具有先导性、战略性和支柱性的新兴朝阳产业，是推动中华文化走出去的主导力量，更是推动经济结构战略性调整的重要支点和转变经济发展方式的重要着力点。文化创意人才队伍是决定文化产业发展的关键要素，有关统计资料显示，在纽约，文化产业人才占所有工作人口总数的12%，伦敦为14%，东京为15%，而像北京、上海等国内一线城市还不足1%。发展离不开人才，21世纪是"人才世纪"。因此，文化创意产业的快速发展，创造了更多的就业机会，急需大量优秀人才的加盟。

　　教育机构是人才培养的主阵地，为文化创意产业的发展注入了动力和新鲜血液。同时，文化创意产业的人才培养也离不开先进技术的支撑。Adobe®公司的技术和产品是文化创意产业众多领域中重要和关键的生产工具，为文化创意产业的快速发展提供了强大的技术支持，带来了全新的理念和解决方案。使用Adobe产品，人们可尽情施展创作才华，创作出各种具有丰富视觉效果的作品。其无与伦比的图形图像功能，备受网页和图形设计人员、专业出版人员、商务人员和设计爱好者的喜爱。他们希望能够得到专业培训，更好地传递和表达自己的思想和创意。

　　Adobe®创意大学计划正是连接教育和行业的桥梁，承担着将Adobe最新技术和应用经验向教育机构传导的重要使命。Adobe®创意大学计划通过先进的考试平台和客观的评测标准，为广大合作院校、机构和学生提供快捷、稳定、公正、科学的认证服务，帮助培养和储备更多的优秀创意人才。

　　Adobe®创意大学标准系列教材，是基于Adobe核心技术和应用，充分考虑到教学要求而研发的，全面、科学、系统而又深入地阐述了Adobe技术及应用经验，为学习者提供了全新的多媒体学习和体验方式。为准备参与Adobe®认证的学习者提供了重点清晰、内容完善的参考资料和专业工具书，也为高层专业实践型人才的培养提供了全面的内容支持。

　　我们期待这套教材的出版，能够更好地服务于技能人才培养、服务于就业工作大局，为中国文化创意产业的振兴和发展做出贡献。

北京中科希望软件股份有限公司董事长　周明陶

序

Adobe®是全球最大、最多元化的软件公司之一，旗下拥有众多深受客户信赖的软件品牌，以其卓越的品质享誉世界，并始终致力于通过数字体验改变世界。从传统印刷品到数字出版，从平面设计、影视创作中的丰富图像到各种数字媒体的动态数字内容，从创意的制作、展示到丰富的创意信息交互，Adobe解决方案被越来越多的用户所采纳。这些用户包括设计人员、专业出版人员、影视制作人员、商务人员和普通消费者。Adobe产品已被广泛应用于创意产业各领域，改变了人们展示创意、处理信息的方式。

Adobe®创意大学（Adobe® Creative University）计划是Adobe联合行业专家、教育专家、技术专家，基于Adobe最新技术，面向动漫游戏、平面设计、出版印刷、网站制作、影视后期等专业，针对高等院校、社会办学机构和创意产业园区人才培养，旨在为中国创意产业生态全面升级和强化创意人才培养而联合打造的教育计划。

2011年中国创意产业总产值约3.9万亿元人民币，占GDP的比重首次突破3%，标志着中国创意产业已经成为中国最活跃、最具有竞争力的重要支柱产业之一。同时，中国的创意产业还存在着巨大的市场潜力，需要一大批高素质的创意人才。另一方面，大量受到良好传统教育的大学毕业生由于没有掌握与创意产业相匹配的技能，在走出校门后需要经过较长时间的再次学习才能投身创意产业。Adobe®创意大学计划致力于搭建高校创意人才培养和产业需求的桥梁，帮助学生提高岗位技能水平，使他们快速、高效地步入工作岗位。自2010年8月发布以来，Adobe®创意大学计划与中国200余所高校和社会办学机构建立了合作，为学员提供了Adobe®创意大学考试测评和高端认证服务，大量高素质人才通过了认证并在他们心仪的工作岗位上发挥出才能。目前，Adobe®创意大学已经成为国内最大的创意领域认证体系之一，成为企业招纳创意人才的最重要的依据之一，累计影响上百万人次，成为中国文化创意类专业人才培养过程中一个积极的参与者和一支重要的力量。

我祝愿大家通过学习由北京希望电子出版社编著的"Adobe®创意大学"系列教材，可以更好地掌握Adobe的相关技术，并希望本系列教材能够更有效地帮助广大院校的老师和学生，为中国创意产业的发展和人才培养提供良好的支持。

Adobe祝中国创意产业腾飞，愿与中国一起发展与进步！

Adobe大中华区董事总经理　黄耀辉

前言

一、Adobe®创意大学计划

　　Adobe®公司联合行业专家、行业协会、教育专家、一线教师、Adobe技术专家，面向国内游戏动漫、平面设计、出版印刷、eLearning、网站制作、影视后期、RIA开发及其相关行业，针对专业院校、培训领域和创意产业园区创意类人才的培养，以及中小学、网络学院、师范类院校师资力量的建设，基于Adobe核心技术，为中国创意产业生态全面升级和教育行业师资水平以及技术水平的全面强化而联合打造的全新教育计划。

　　详情参见Adobe®教育网：www.Adobecu.com。

二、Adobe®创意大学考试认证

　　Adobe®创意大学考试认证是Adobe®公司推出的权威国际认证，是针对全球Adobe软件的学习者和使用者提供的一套全面科学、严谨高效的考核体系，为企业的人才选拔和录用提供了重要和科学的参考标准。

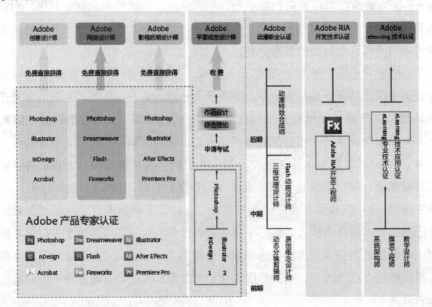

三、Adobe®创意大学计划标准教材

　　—《Adobe®创意大学Photoshop CS6标准教材》
　　—《Adobe®创意大学InDesign CS6标准教材》
　　—《Adobe®创意大学Dreamweaver CS6标准教材》
　　—《Adobe®创意大学Fireworks CS6标准教材》
　　—《Adobe®创意大学Illustrator CS6标准教材》
　　—《Adobe®创意大学After Effects CS6标准教材》
　　—《Adobe®创意大学Flash CS6标准教材》
　　—《Adobe®创意大学Premiere Pro CS6标准教材》

四、咨询或加盟"Adobe®创意大学"计划

　　如欲详细了解Adobe®创意大学计划，请登录Adobe®教育网www.adobecu.com或致电010-82626190，010-82626185，或发送邮件至邮箱：adobecu@hope.com.cn。

编著者

第4章
表格化网页布局

第5章
使用AP Div布局页面

第6章
利用框架制作网页

第1章

Dreamweaver CS6
快速入门

本章主要介绍网页与网站的概念，其中详细介绍了网站的分类及网站的一般制作流程、网页风格、网页的相关概念、程序的安装、启动等。学习本章后，相信用户会对Dreamweaver CS6有简单的了解，同样也为以后的学习奠定了基础。

学习要点

- 了解网页的设计及制作方法
- 熟悉Dreamweaver CS6的安装过程
- 认识Dreamweaver CS6的工作界面
- 掌握创建本地站点的方法

1.1 网站网页的基本了解

▶ 1.1.1 网页的认识

网页是Internet中最基本的信息单位，把文字、图形、声音及动画等各种多媒体信息相互链接起来而构成一种信息表达出来。通常情况下，网页中有文字和图像等基本信息，有些网页中还有声音、动画和视频等多媒体内容。网页一般由站标、导航栏、广告栏、信息区和版权区等部分组成，如图1-1所示。

在访问一个网站时，首先看到的网页一般称为该网站的首页。有些网站的首页具有欢迎访问者的作用，如图1-2所示。

图1-1 网页的组成

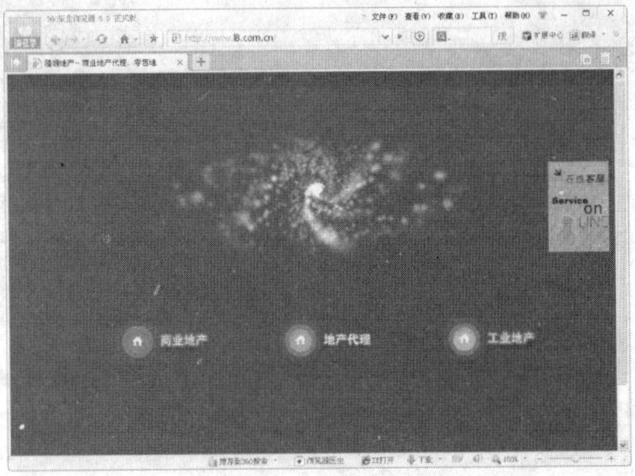

图1-2 欢迎网页

首页只是网站的开场页，单击页面上的文字或图片，即可打开网站的主页，而首页也随之关闭，如图1-3所示。

网站主页与首页的区别在于：主页设有网站的导航栏，是所有网页的链接中心。但多数网站的首页与主页通常合为一体，即省略了首页而直接显示主页，这种情况下，它们指的是同一个页面，如图1-4所示。

图1-3 主页

图1-4 首页

▶ 1.1.2 网站的认识

网站就是在Internet上通过超级链接的形式构成的相关网页的集合。可以通过网页浏览器来访问网站，以获取需要的资源或享受网络提供的服务。

按照内容形式的不同，网站可以分为以下几个类型。

门户网站：是指涉及领域非常广泛的综合性网站，如网易、新浪（如图1-5所示）、凤凰等。

职能网站：是指一些公司为展示其产品或对其提供的售后服务进行说明而建立的网站，如图1-6所示。

图1-5　新浪

图1-6　职能网站

专业网站：是指专门以某个主题为内容而建立的网站，这种网站都是以某一个题材作为网站内容的，如图1-7所示。

个人网站：是由个人开发建立的网站，在内容形式上具有很强的个性化，通常用来宣传自己或展示个人的兴趣爱好，如图1-8所示。

图1-7　专业网站

图1-8　个人网站

1.2　网站的设计及制作

对于一个网站来说，除了网页内容外，还要对网站进行整体规划设计。格局凌乱的网站其内容再精彩，也不能说是一个好网站。要设计出一个精美的网站，前期的规划是必不可少的。网站的成功与否很重要的一个决定因素在于它的构思，好的创意及丰富详实的内容。

▶ 1.2.1　如何确定网站的风格和步骤

在对网页插入各种对象及修饰效果前，要先确定网页的总体风格和布局。

网站风格是指网站给浏览者的整体形象，包括站点的CI(标志、色彩和字体)、版面布局、浏览性、文字、内容网站荣誉等诸多的因素。

例如：网易的网站给人的感觉是平易近人的，新闻给人的感觉是耳目一新，IBM给人的感觉是专业严肃。这些都是网站给人们留下的各种不同的感觉，如图1-9所示。

根据不同的网页制作风格，可以将其分为商业网页和个人网页。商业网页内容丰富、信息量大，一般都有统一的布局设计，如图1-10所示。

图1-9　网易网　　　　　　　　　　　　　　　　图1-10　商业网页

个人网页风格样式多、内容也比较专一、形式比较灵活，更容易创造出美感，如图1-11所示。

制作好网页风格后，要对网页的布局进行调整规划，也就是网页上的网站标志、导航栏及菜单等元素的位置。不同网页的各种网页元素所处的位置也不同，一般情况下，重要的元素放在突出位置。

常见的网页布局有"同"字型、"厂"字型、标题正文型、分栏型、封面型和Flash型等。

- "同"字型：是大型网站常用的页面布局，特点是内容丰富、链接多、信息量大。网页的上部分是徽标和导航栏，下部分为3列，两边区域是图片或文字链接和小图片广告，中间是网站的主要内容，最下面是版权信息等，如图1-12所示。

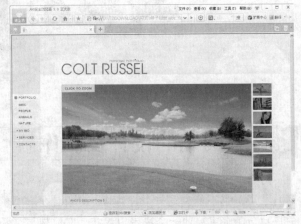

图1-11　个人网页　　　　　　　　　　　　　　图1-12　"同"字型

- "厂"字型：特点是内容清晰、一目了然，网页的最顶端是徽标和导航栏，左侧是文本和图片链接，右边是正文信息区，如图1-13所示。
- 标题正文型：特点是内容简单，网页上部是网站标志和标题，下部是网页正文，如图1-14所示。

图1-13　"厂"字型

图1-14　"标题正文"型

- **分栏型**：布局一般分为左右(或上下)两栏或多栏。一栏是导航链接，另一栏是正文信息，如图1-15所示。
- **封面型**：布局更接近于平面设计艺术，主要应用在首页上，一般为设计精美的图片或动画，多用于个人网页，如果处理得好，会给人带来赏心悦目的感觉，如图1-16所示。

图1-15　"分栏"型

图1-16　"封面"型

- Flash型：布局采用Flash技术制作完成，页面所表达的信息极富感染力，其视觉效果与听觉效果和传统页面不同，给浏览者很大的冲击。Flash型网页很受年轻人的喜爱，如图1-17所示。

　　确定好网站的风格和布局后，就要开始搜集素材了。要让自己的网站有声有色、能吸引人，就应尽量搜集素材，包括文字、图片、音频动画及视频等，如图1-18所示。

图1-17　Flash型

图1-18　搜集图片

1.2.2 收集资料和素材

先根据网站建设的基本要求来收集资料和素材，包括文本、音频动画、视频及图片等。资料收集得越充分，网站制作就越容易。搜集素材的时候不仅可以在网站上搜索还可以自己制作。

1.2.3 规划站点

资料和素材收集完成后，就需要规划网站的布局和划分结构了。对站点中所使用的素材和资料进行管理与规划，对网站中栏目的设置、颜色的搭配、版面的设计、文字图片的运用等进行规划，以便于日后管理。

1.2.4 制作网页

制作网页是一个复杂而细致的过程，一定要按照先大后小、先简单后复杂的顺序来制作。所谓先大后小，就是在制作网页时，先把大的结构设计好，然后再逐步完善小的结构设计。所谓先简单后复杂，就是先设计出简单的内容，然后再设计复杂的内容，以便出现问题及时修改。

在网页排版时，要尽量保持网页风格的一致性，不至于在网页跳转时产生不协调的感觉。在制作网页时灵活运用模板，可以极大提高制作效率。将相同版面的网页做成模板，基于此模板创建网页，以后想改变网页时，只需修改模板即可。

1.2.5 测试站点

网页制作完成后，要上传到测试空间进行网站测试。网站测试的内容主要是检查浏览器的兼容性、检查链接是否正确、检查多余标签及语法错误等。

1.2.6 发布站点

在发布站点之前，首先应该申请域名和网络空间，同时还要对本地计算机进行相应的配置，以完成网站的上传。

可以利用上传工具将其发布到Internet上供浏览、观赏和使用。上传工具有很多，有些网页制作工具本身就带有FTP功能，利用这些FTP工具，可以很方便地把网站发布到所申请的网页服务器上。

1.2.7 更新站点

网站只有不断地补充新内容，才能够吸引更多的浏览者。

如果一个网站都是静态的网页，在网站更新时就需要增加新的页面，更新链接；如果是动态的页面，则只需要在后台进行信息的发布和管理即可。

1.3 网页的相关概念

1.3.1 因特网

因特网（Internet）又称为互联网，是一个把分布于世界各地的计算机用传输介质互相连接起来的网络。Internet主要提供的服务有万维网（WWW）、文件传输协议（FTP）、电子邮件（E-mail）及远程登录（Internet）等。

1.3.2　万维网

万维网（World Wide Web）简称WWW或3W，它是无数个网络站点和网页的集合，也是Internet提供的最主要的服务。它是由多媒体链接而形成的集合，通常上网看到的就是万维网的内容，如图1-19所示。

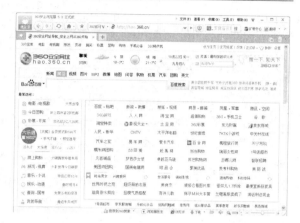

图1-19　万维网

1.3.3　浏览器

浏览器是指将互联网上的文本文档(或其他类型的文件)翻译成网页，并让用户与这些文件交互的一种软件工具，主要用于查看网页的内容。目前最常用的浏览器有两种：美国微软公司的Internet Explorer和美国网景公司的Netscape Navigator。

1.3.4　HTML

HTML（HyperText Marked Language）即超文本标记语言，是一种用来制作超文本文档的简单标记语言，也是制作网页的最基本的语言，它可以直接由浏览器执行。

1.3.5　电子邮件

电子邮件又称E-mail，是目前Internet上使用最多、最受欢迎的一种服务。电子邮件是利用计算机网络的电子通信功能传送信件、单据、资料等电子媒体信息的通信方式。它最大的特点是人们可以在任何地方、时间收发信件，极大地提高了工作效率，为办公自动化、商业活动提供了很大的便利，如图1-20所示。

图1-20　电子邮件

1.3.6　URL

URL（Uniform Resource Locator）是用于完整地描述Internet上网页和其他资源地址的一种标识方法。Internet上的每一个网页都具有一个唯一的名称标识，通常称为URL地址，这种地址可以是本地磁盘，也可以是局域网上的某一台计算机，更多的是Internet上的站点。简单地说，URL就是Web地址，俗称"网址"。

1.3.7　域名

域名（Domain Name），是由一串用点分隔的名字组成的Internet上某一台计算机或计算机组的名称，用于在数据传输时标识计算机的电子方位（有时也指地理位置）。目前域名已经成为互联网的品牌、网上商标保护必备的产品之一。世界域名地图如图1-21所示。

图1-21　世界域名地图

1.3.8　FTP

FTP（File Transfer Protocol）即文件传输协议，是一种快速、高效和可靠的信息传输方式，通过该协议可把文件从一个地方传输到另一个地方。FTP是一个8位的客户端-服务器协议，能操作任何类型的文件而不需要进一步处理，就像MIME或Uuencode一样。但是，FTP有着极高的延时，这意味着，从开始请求到第一次接收需求数据之间的时间会非常长，并且必需不时地执行一些冗长的登录进程。FTP服务一般运行在20和21两个端口。端口20用于在客户端和服务器之间传输数据流，而端口21用于传输控制流，并且是命令通向FTP服务器的进口。当数据通过数据流传输时，控制流处于空闲状态。而当控制流空闲很长时间后，客户端的防火墙会将其会话置为超时，这样当大量数据通过防火墙时，会产生一些问题。此时，虽然文件可以成功传输，但因为控制会话会被防火墙断开，传输会产生一些错误。FTP示意图如图1-22所示。

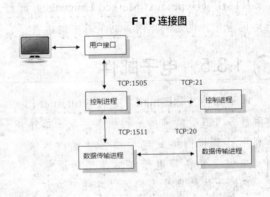

图1-22　FTP示意图

1.3.9　IP地址

IP地址就是给每个连接在Internet上的主机分配的一个32bit地址。按照TCP/IP协议规定，IP地址用二进制来表示，每个IP地址长32bit，比特换算成字节，就是4个字节。例如一个采用二进制形式的IP地址是"00001010000000000000000000000001"，这么长的地址处理起来很费劲。为了方便使用，IP地址经常被写成十进制的形式，中间使用符号"."分开不同的字节。于是，上面的IP地址可以表示为"10.0.0.1"。IP地址的这种表示法叫做"点分十进制表示法"，这显然比1和0容易记忆得多。

1.3.10　上传和下载

上传（Upload）是从本地计算机（一般称客户端）向远程服务器（一般称服务器端）传送数据的行为和过程。下载（Download）是从远程服务器取回数据到本地计算机的过程。

1.4　Dreamweaver CS6的安装与启动

Dreamweaver是一款专业的网页编辑软件，是业界领先的网页开发工具，通过该工具能够有效地开发和维护标准的网站和应用程序。Dreamweaver CS6在软件的界面和性能上都进行了很大的改进，新增了许多功能，增强了软件的可操作性，优化了部分工具和菜单，有助于不同层次的用户进行熟练的操作。本节将详细介绍Dreamweaver CS6的安装、启动与卸载方法。

1.4.1　安装Dreamweaver CS6软件

安装Dreamweaver CS6软件的方法非常简单，只需根据提示便可轻松完成，具体的操作步骤如下所述。

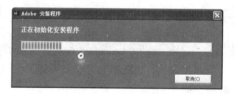

图1-23　安装初始化

01 将Dreamweaver CS6的安装光盘放入计算机的光驱中，双击Set-up.exe图标，运行安装程序。首先进行初始化，如图1-23所示。

02 初始化完成后弹出如图1-24所示的欢迎对话框，然后单击"安装"图标。

03 在弹出的"Adobe软件许可协议"对话框中阅读Dreamweaver CS6的许可协议，并单击"接受"按钮，如图1-25所示。

图1-24　单击"安装"图标

图1-25　许可协议

04 然后在弹出的对话框中输入序列号，并单击"下一步"按钮，如图1-26所示。

05 在弹出的"选项"对话框中设置产品的安装路径，这里使用默认的安装路径，然后单击"安装"按钮，如图1-27所示。

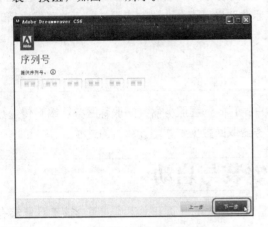

图1-26　输入序列号

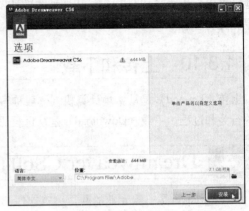

图1-27　设置安装路径

> 🔍 **提 示**
>
> 单击"浏览"按钮可以自定义文件的安装位置。

06 即可弹出安装进度对话框，如图1-28所示。

07 安装完成后，则会弹出如图1-29所示的对话框，然后单击"关闭"按钮。

> 🔍 **提 示**
>
> 如果在图1-29所示的对话框中单击"立即启动"按钮，系统会自动启动Dreamweaver CS6应用程序。

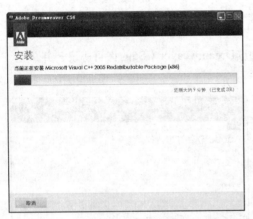

图1-28　安装进度

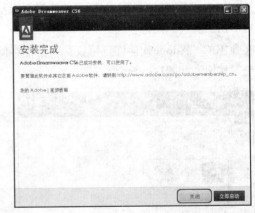

图1-29　安装完成

▶ 1.4.2　启动Dreamweaver CS6软件

下面介绍启动Dreamweaver CS6软件的方法，具体的操作步骤如下所述。

01 执行"开始"|"程序"|"Adobe Dreamweaver CS6"命令，如图1-30所示。

02 在第一次启动时，会弹出"默认编辑器"对话框，可以将Dreamweaver CS6设置为对话框中文件类型的默认编辑器，如图1-31所示。

03 设置完成后单击"确定"按钮，即可弹出Adobe Dreamweaver CS6的初始化界面，如图1-32所示。

图1-30　执行"Adobe Dreamweaver CS6"命令　　图1-31　"默认编辑器"对话框　　图1-32　初始化界面

04 初始化界面后，打开Dreamweaver CS6工作界面的开始页面，如图1-33所示。

05 在开始页面中，单击"新建"栏下的"HTML"选项，即可新建一个空白的HTML网页文档，如图1-34所示。

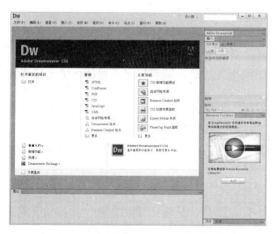

图1-33　开始页面　　　　　　　　　　　　　　图1-34　工作界面

🔍 **提　示**

双击桌面上的Adobe Dreamweaver CS6图标，也可以启动Dreamweaver CS6软件。

1.5　认识Dreamweaver CS6的工作环境

在学习Dreamweaver CS6之前，首先要熟悉和了解Dreamweaver CS6的工作环境，这样便于对后面所介绍的内容的理解。

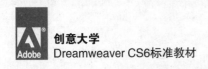
▶ 1.5.1 工作界面

Dreamweaver CS6的工作界面主要由菜单栏、文档工具栏、文档窗口、状态栏、"属性"面板和面板组等组成，如图1-35所示。

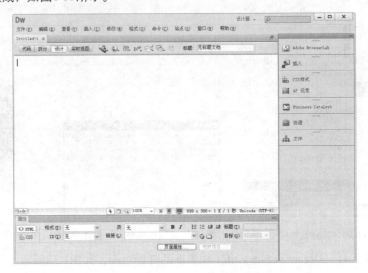

图1-35 Dreamweaver CS6的工作界面

1. 菜单栏

菜单栏中主要包括"文件"、"编辑"、"查看"、"插入"、"修改"、"格式"、"命令"、"站点"、"窗口"和"帮助"10个菜单。单击任意一个菜单，都会弹出下拉菜单，使用下拉菜单中的命令基本能够实现Dreamweaver CS6中的所有功能。菜单栏中还包括一个工作界面切换器和一些控制按钮，如图1-36所示。

图1-36 菜单栏

- 文件：在该下拉菜单中包括了"新建"、"打开"、"关闭"、"保存"和"导入"等常用命令，用于查看当前文档或对当前文档执行操作，如图1-37所示。
- 编辑：在该下拉菜单中包括了"拷贝"、"粘贴"、"全选"、"查找和替换"等用于基本编辑操作的标准菜单命令，如图1-38所示。
- 查看：在该下拉菜单中包括了设置文档的各种视图命令，例如："代码"视图和"设计"视图等，还可以显示或隐藏不同类型的页面元素和工具栏，如图1-39所示。
- 插入：用于将各种网页元素插入到当前文档中，包括"图像"、"媒体"和"表格"等，如图1-40所示。
- 修改：用于更改选定页面元素或项的属性，包括"页面属性"、"合并单元格"和"将表格转换为AP Div"等，如图1-41所示。
- 格式：用于设置文本的格式，包括"缩进"、"对齐"和"样式"等，如图1-42所示。
- 命令：提供对各种命令的访问，包括"开始录制"、"扩展管理"和"应用源格式"等，如图1-43所示。

- 站点：用于创建和管理站点，如图1-44所示。

图1-37 "文件"下拉菜单　　图1-38 "编辑"下拉菜单　　图1-39 "查看"下拉菜单　　图1-40 "插入"下拉菜单

图1-41 "修改"下拉菜单　　图1-42 "格式"下拉菜单　　图1-43 "命令"下拉菜单　　图1-44 "站点"下拉菜单

- 窗口：提供对Dreamweaver CS6
  中所有面板、检查器和窗口的
  访问，如图1-45所示。
- 帮助：提示对Dreamweaver CS6
  文档的访问，如图1-46所示。

图1-45 "窗口"下拉菜单　　图1-46 "帮助"下拉菜单

2. 文档工具栏

使用文档工具栏可以在文档的不同视图之间进行切换，如"代码"视图和"设计"视图等，在工具栏中还包含各种查看选项和一些常用的操作，如图1-47所示。

图1-47 文档工具栏

文档工具栏中常用按钮的功能如下所述。

* "代码"按钮 代码 ：单击该按钮，仅在文档窗口中显示和修改HTML源代码。
* "拆分"按钮 拆分 ：单击该按钮，可在文档窗口中同时显示HTML源代码和页面的设计效果。
* "设计"按钮 设计 ：单击该按钮，仅在文档窗口中显示网页的设计效果。
* "在浏览器中预览/调试"按钮 ：单击该按钮，在弹出的下拉菜单中选择一种浏览器，用于预览和调试网页，如图1-48所示。

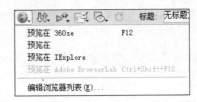

图1-48 "在浏览器中预览/调试"下拉菜单

> **提 示**
>
> 在"在浏览器中预览/调试"下拉菜单中选择"编辑浏览器列表"选项，弹出"首选参数"对话框，在该对话框中可以设置主浏览器和次浏览器，如图1-49所示。

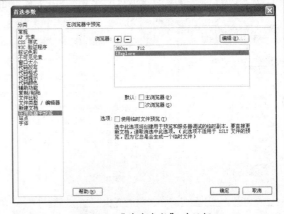

图1-49 "首选参数"对话框

* "文件管理"按钮 ：单击该按钮，在弹出的下拉菜单中包括"消除只读属性"、"获取"、"上传"和"设计备注"等命令，如图1-50所示。
* "检查浏览器兼容性"按钮 ：单击该按钮，在弹出的下拉菜单中包括"检查浏览器兼容性"、"显示所有问题"和"设置"等命令，如图1-51所示。
* "标题"文本框：用于设置或修改文档的标题。

图1-50 "文件管理"下拉菜单

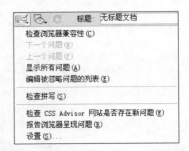

图1-51 "检查浏览器兼容性"下拉菜单

3. 文档窗口

文档窗口用于显示当前创建和编辑的文档。在该窗口中，可以输入文字、插入图片和表格等，也可以对整个页面进行设置，通过单击文档工具栏中的"代码"按钮 代码 、"拆分"按钮 拆分 、"设计"按钮 设计 或"实时视图"等按钮，可以分别在窗口中查看代码视图、拆分视图、设计视图或实时显示视图，如图1-52所示。

图1-52　文档窗口

4. 状态栏

状态栏位于文档窗口的底部，提供与用户正在创建的文档有关的其他信息。状态栏中包括标签选择器、窗口大小弹出菜单和下载指示器等，如图1-53所示。

图1-53　状态栏

5. "属性"面板

"属性"面板是网页中非常重要的面板，用于显示文档窗口中所选元素的属性，并且可以对选择的元素的属性进行修改。该面板中的内容因选定的元素不同会有所不同，如图1-54所示。

图1-54　"属性"面板

> **提示**
>
> 通过单击"属性"面板右下角的 △ 按钮可将"属性"面板折叠起来，如图1-55所示。再次单击该按钮，即可展开"属性"面板。
>
> 图1-55　折叠"属性"面板

6. 面板组

面板组位于工作界面的右侧，用于帮助用户监控和修改工作，其中包括"插入"面板、"CSS样式"面板和"组件"面板等，如图1-56所示。

图1-56　面板组

● 打开面板

如果需要使用的面板没有在面板组中显示出来，则可以使用"窗口"菜单将其打开，具体的操作步骤如下所述。

01 在菜单栏中单击"窗口"菜单，在弹出的下拉菜单中选择需要打开的面板，在这里选择"资源"，如图1-57所示。

02 执行该操作后，即可打开"资源"面板，如图1-58所示。

> 🔍 提　示
>
> 如果要关闭该面板，再次在菜单栏中执行"窗口"|"资源"命令即可。

● 关闭与打开全部面板

按F4键，即可关闭工作界面中所有的面板，如图1-59所示。再次按F4键，关闭的面板又会显示在原来的位置上。

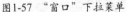

图1-57　"窗口"下拉菜单

图1-58　"资源"面板

图1-59　关闭全部面板

1.5.2 "插入"面板

网页元素虽然多种多样，但是它们都可以被称为对象。大部分的对象都可以通过"插入"面板插入到文档中。"插入"面板中包括"常用"插入面板、"布局"插入面板、"表单"插入面板、"数据"插入面板、"Spry"插入面板、"jQuery Mobile"插入面板、"InContext Editing"插入面板、"文本"插入面板和"收藏夹"插入面板，还包含用于创建和插入对象的按钮。

1."常用"插入面板

"常用"插入面板，用于创建和插入最常用的对象，例如表格、图像和日期等，如图1-60所示。

2."布局"插入面板

单击"插入"面板上方的下三角按钮 ▼，在弹出的下拉列表中选择"布局"选项，如图1-61

所示，即可打开"布局"插入面板，该面板用于插入 Div 标签、绘制AP Div和插入Spry菜单栏等，如图1-62所示。

图1-60 "常用"插入面板　　　图1-61 选择"布局"选项　　　图1-62 "布局"插入面板

3. "表单"插入面板

单击"插入"面板上方的下三角按钮▼，在弹出的下拉列表中选择"表单"选项，如图1-63所示，即可打开"表单"插入面板。在"表单"插入面板中包含一些用于创建表单和插入表单元素（包括Spry验证构件）的按钮，如图1-64所示。

4. "数据"插入面板

单击"插入"面板上方的下三角按钮▼，在弹出的下拉列表中选择"数据"选项，即可打开"数据"插入面板。使用该面板可以插入Spry数据对象和其他动态元素，如图1-65所示。

图1-63 选择"表单"选项　　　图1-64 "表单"插入面板　　　图1-65 "数据"插入面板

5. "Spry"插入面板

单击"插入"面板上方的下三角按钮▼，在弹出的下拉列表中选择"Spry"选项，即可打开"Spry"插入面板。在该面板中包含一些用于构建Spry页面的按钮，例如Spry区域、Spry重复项和Spry折叠式等，如图1-66所示。

6. "jQuery Mobile"插入面板

单击"插入"面板上方的下三角按钮▼，在弹出的下拉列表中选择"jQuery Mobile"选项，

即可打开"jQuery Mobile"插入面板。该面板用于插入jQuery Mobile页面和jQuery Mobile列表视图等，如图1-67所示。

图1-66 "Spry"插入面板　　　　　图1-67 "jQuery Mobile"插入面板

7. "InContext Editing"插入面板

单击"插入"面板上方的下三角按钮▼，在弹出的下拉列表中选择"InContext Editing"选项，即可打开"InContext Editing"插入面板。在该面板中包含生成InContext编辑页面的按钮，如图1-68所示。

8. "文本"插入面板

单击"插入"面板上方的下三角按钮▼，在弹出的下拉列表中选择"文本"选项，即可打开"文本"插入面板。该面板中包含用于插入各种文本格式和列表格式的按钮，如图1-69所示。

9. "收藏夹"插入面板

单击"插入"面板上方的下三角按钮▼，在弹出的下拉列表中选择"收藏夹"选项，即可打开"收藏夹"插入面板。该面板用来将最常用的按钮分组和组织到某一公共位置，如图1-70所示。

图1-68 "InContext Editing"插入面板　　图1-69 "文本"插入面板　　图1-70 "收藏夹"插入面板

1.6 创建本地站点

一个站点是由一组相互链接，并具有相同设计或共同用途的文档组成的。本节将介绍如何创建站点。

实例：创建本地站点

场景文件：	无
视频文件：	视频\第1章\创建本地站点.avi

其具体操作步骤如下所述。

01 启动Dreamweaver CS6，在菜单栏中执行"站点"|"新建站点"命令，如图1-71所示。

02 弹出"站点设置对象 未命名站点2"对话框，在该对话框中将"站点名称"设置为"CDROM"，如图1-72所示。

03 单击"本地站点文件夹"文本框右侧的"浏览文件夹"按钮，在弹出的对话框中，选择要创建的站点根文件夹的位置，如图1-73所示。

图1-71 执行"新建站点"命令

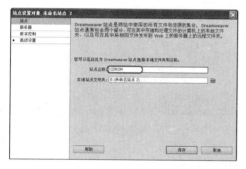

图1-72 设置站点名称

图1-73 "选择根文件夹"对话框

04 选择完成后，单击"选择"按钮，即可选择本地站点根文件夹的位置，如图1-74所示。

05 单击"保存"按钮，即可创建站点，效果如图1-75所示。

图1-74 选择本地站点文件夹后的效果

图1-75 创建完成后的站点

1.7 管理站点

本节将介绍如何对创建完成后的站点进行管理，例如复制站点、删除站点和导出站点等。

1.7.1 复制站点

复制站点，就是将创建好的一个站点进行复制，这样既方便了操作，也减少了重复劳动。

创意大学
Dreamweaver CS6标准教材

01 在菜单栏中执行"站点"|"管理站点"命令，如图1-76所示。

02 在打开的"管理站点"对话框中选择一个需要复制的站点名称，然后单击"复制当前选定的站点"按钮，如图1-77所示。

03 执行该操作后，即可将选中站点进行复制，效果如图1-78所示。

图1-76 执行"管理站点"命令

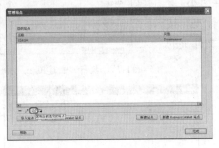

图1-77 单击"复制当前选定的站点"按钮

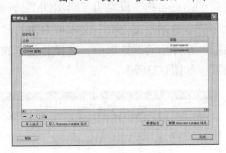

图1-78 复制后的效果

> **提示**
> 如果在"管理站点"对话框中对站点进行复制，只是复制该站点的站点信息，并不会复制原有站点中的文件夹和其他内容。

1.7.2 删除站点

在Dreamweaver CS6中，不仅可以对站点进行复制，还可以对不需要的站点进行删除。下面将介绍如何删除站点，其具体操作步骤如下所述。

01 在菜单栏中执行"站点"|"管理站点"命令，打开"管理站点"对话框，在该对话框中选择要删除的站点，如图1-79所示。

02 在该对话框中单击"删除当前选定的站点"按钮，如图1-80所示。

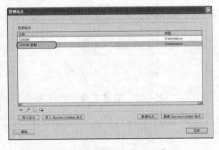

图1-79 选择要删除的站点

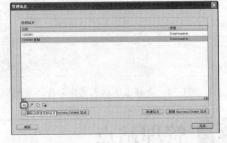

图1-80 单击按钮

03 执行该操作后，系统将会自动弹出提示对话框，如图1-81所示。

04 单击"是"按钮，即可删除选中的站点，效果如图1-82所示。

> **提示**
> 删除站点只是从列表中将站点删除，但站点中的文件及内容并不会从计算机中删除。

图1-81 单击"删除"按钮

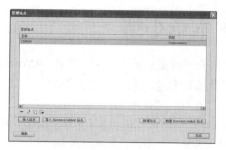

图1-82 删除站点后的效果

1.7.3 导出站点

导出站点是指将现有的站点导出成一个站点文件，操作步骤如下所述。

01 在菜单栏中执行"站点"|"管理站点"命令，在打开的对话框中选择要导出的站点，然后单击"导出当前选定的站点"按钮 ➡️，如图1-83示。

02 系统将会自动弹出"导出站点"对话框，然后输入文件名和选择存储路径，如图1-84所示，单击"保存"按钮，即可导出站点。

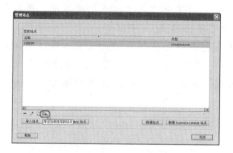

图1-83 单击"导出"按钮

图1-84 "导出站点"对话框

1.7.4 导入站点

从外部导入站点的操作方法也很简单，具体操作步骤如下所述。

01 在菜单栏中执行"站点"|"管理站点"命令，打开"管理站点"对话框，在该对话框中单击"导入站点"按钮 **导入站点** ，如图1-85所示。

02 系统将会自动弹出"导入站点"对话框，从中选择要导入的站点文件，如图1-86所示，单击"打开"按钮，即可将该站点导入到"管理站点"对话框中。

03 单击"完成"按钮，关闭"管理站点"对话框，即可完成站点的导入。

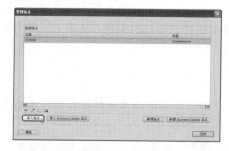

图1-85 单击"导入站点"按钮

图1-86 选择站点文件

<h1>1.8　本章小结</h1>

本章主要介绍网页的设计与制作流程、Dreamweaver CS6的安装与启动、Dreamweaver CS6的工作界面以及如何创建本地站点和管理站点。

- 执行"开始"|"程序"|"Adobe Dreamweaver CS6"命令，即可启动Dreamweaver CS6。
- 启动Dreamweaver CS6，在菜单栏中执行"站点"|"新建站点"命令，在弹出的对话框中设置"站点名称"。单击"本地站点文件夹"文本框右侧的"浏览文件夹"按钮，在弹出的对话框中选择要创建的站点根文件夹的位置，选择完成后，单击"选择"按钮，即可选择本地站点根文件夹的位置，单击"保存"按钮，即可创建站点。
- 在菜单栏中执行"站点"|"管理站点"命令，在打开的"管理站点"对话框中选择一个需要复制的站点名称，然后单击"复制当前选定的站点"按钮，执行该操作后，即可将选中站点进行复制。
- 在菜单栏中执行"站点"|"管理站点"命令，打开"管理站点"对话框，在该对话框中选择要删除的站点，单击"删除当前选定的站点"按钮，系统将会自动弹出提示对话框，单击"是"按钮，即可删除选中的站点。
- 在菜单栏中执行"站点"|"管理站点"命令，从打开的对话框中选择要导出的站点，然后单击"导出当前选定的站点"按钮，系统将会自动弹出"导出站点"对话框，然后输入文件名，并选择存储路径，单击"保存"按钮，即可导出站点。
- 在菜单栏中执行"站点"|"管理站点"命令，打开"管理站点"对话框，在该对话框中单击"导入站点"按钮　导入站点，系统会自动弹出"导入站点"对话框，选择要导入的站点文件，单击"打开"按钮，即可将该站点导入到"管理站点"对话框中。单击"完成"按钮，关闭"管理站点"对话框，即可完成站点的导入。

<h1>1.9　课后习题</h1>

1. 选择题

（1）电子邮件又称（　　），是目前Internet上使用最多、最受欢迎的一种服务。

　　A. HTML　　　　　B. mail　　　　　C. E-mail　　　　　D. URL

（2）URL就是Web地址，俗称（　　）。

　　A. 网址　　　　　B. IP地址　　　　C. 因特网　　　　　D. 域名

2. 填空题

（1）网站就是在_____上通过超级链接的形式构成的相关网页的集合。

（2）万维网（World Wide Web）简称_____或_____，它是无数个网络站点和网页的集合，也是Internet提供的最主要的服务，它是由多媒体链接而形成的集合，通常上网看到的就是万维网的内容。

3. 判断题

（1）因特网（Internet）又称为互联网，是一个把分布于世界各地的计算机用传输介质互相连接起来的网络。（　　）

（2）浏览器是一种用来制作超文本文档的简单标记语言，也是制作网页的最基本的语言。（　　）

第2章
编辑文本网页

浏览网页时,文本是最直接的获取信息的方式。文本是基本的信息载体,不管网页内容如何丰富,文本自始至终都是网页中最基本的元素。

本章将对文本的一些基本操作进行介绍,例如插入文本、文本属性设置、项目列表等。

学习要点

- 熟悉创建文本网页
- 掌握设置文本属性
- 掌握格式化文本
- 掌握设置项目列表
- 掌握检查和替换文本

2.1 创建文本网页

文本是制作网页时最基本的内容，也是网页中的重要元素。一个网页主要是靠文本内容来传达信息的。文本是网页的主要显示方式，更是网页的灵魂。

▶ 2.1.1 新建、保存和打开网页文档

新建和保存及打开网页文档，是正式学习网页制作的第一步，也是网页制作的基本条件。下面介绍网页文档的新建、保存等基本操作。

01 启动Dreamweaver CS6软件，打开项目创建界面，如图2-1所示。

02 在菜单栏中执行"文件"|"新建"命令，打开"新建文档"对话框，在"空白页"的"页面类型"项目列表中选择"HTML"，然后在右边的"布局"下选择"无"，如图2-2所示。

图2-1　项目创建项目

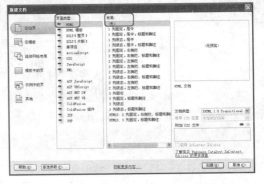

图2-2　"新建文档"对话框

03 单击"创建"按钮，即可创建一个空白的HTML网页文档，如图2-3所示。

04 在菜单栏中执行"文件"|"保存"命令，打开"另存为"对话框，在该对话框中为网页文档选择存储的位置和文件名，并选择保存类型，如All Documents，如图2-4所示。

图2-3　新建的HTML文档

图2-4　"另存为"对话框

🔍 提 示

保存网页的时候，可以在"保存类型"下拉列表中根据制作网页的要求选择不同文件类型，区别文件类型的主要是文件后面的后缀名称。设置文件名的时候，不要使用特殊符号，也尽量不要使用中文名称。

05 单击"保存"按钮，即可将网页文档保存。如果要打开网页文件，可以在菜单栏中执行"文件"|"打开"命令，在"打开"对话框中选择要打开的网页文件，如图2-5所示。

06 单击"打开"按钮，即可在Dreamweaver中打开网页文件。

图2-5 "打开"对话框

2.1.2 页面属性设置

页面属性设置是网页文档最基本的样式设置，包括标题、字体、大小、边距等。页面属性是控制网页外观的基本方法，对于初学网页制作的使用者来说，掌握页面属性设置是制作不同样式网页的基本要求。

01 在菜单栏中执行"窗口"|"属性"命令，打开"属性"面板，然后单击"页面属性"按钮，如图2-6所示。

图2-6 单击"页面属性"按钮

02 打开"页面属性"对话框，在左侧的"分类"项目中选择"外观（CSS）"选项，在右侧可看到关于"外观（CSS）"的设置，如图2-7所示。

03 单击"页面字体"右侧的下拉按钮，在打开的下拉列表中选择网页显示的字体样式，如"宋体"，如图2-8所示。

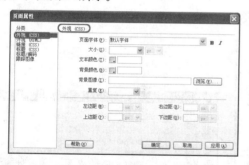

图2-7 "外观（CSS）"参数

图2-8 选择字体

提 示

如果需要的字体不在列表中，可以单击列表中的"编辑字体列表"选项，打开"编辑字体列表"对话框，将"可用字体"列表框中的字体添加到"选择的字体"列表框中，如图2-9所示。然后单击"确定"按钮即可。

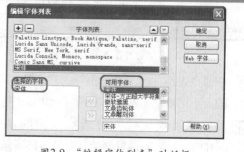

图2-9 "编辑字体列表"对话框

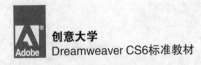

04 在 "大小"下拉列表中选择数值改变字体的大小,如选择 "12",数值越大,字体就越大,如图2-10所示。如果要设置特定字体,可以在文本框中直接输入字号,然后选择单位。

05 在"文本颜色"和"背景颜色"文本框中输入颜色的色标值,或单击色块,在打开的"颜色选择器"中选择合适的颜色,如图2-11所示。

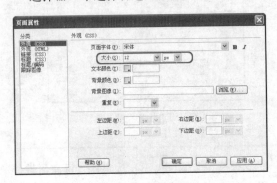

图2-10 设置字体大小　　　　　　　　　　图2-11 文本颜色和背景颜色

06 如果要为网页设置背景图像,可以单击"背景图像"文本框后面的"浏览"按钮,在打开的"选择图像源文件"对话框中,选择要作为背景的图像,如图2-12所示。

07 单击"确定"按钮,确认背景图像的插入。在"重复"下拉列表中可以选择背景图像在页面上的显示方式,如图2-13所示。

- no-repeat(不重复):选择此选项表示将仅显示背景图像一次。
- repeat(重复):选择此选项表示将图像以横向和纵向重复或平铺显示图像。
- repeat-x(x轴重复):将图像沿x轴横向平铺显示。
- repeat-y(y轴重复):将图像沿y轴纵向平铺显示。

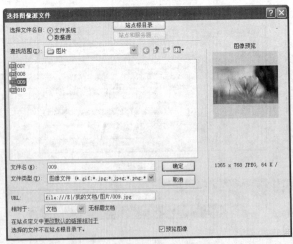

图2-12 "选择图像源文件"对话框　　　　　　图2-13 选择重复方式

08 在"左边距"、"右边距"、"上边距"和"下边距"的文本框中,可以指定页面各个边距的大小,单位通常为"px",如图2-14所示。

09 单击"页面属性"对话框左侧的"外观(HTML)"选项,在右侧可看到"外观(HTML)"的设置参数,如图2-15所示。

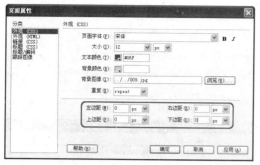
图2-14　设置"边距"大小

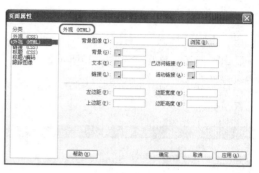
图2-15　"外观（HTML）"参数

⑩ "外观（HTML）"的设置与"外观（CSS）"的大致相同，也可以设置背景图像，颜色是
　主要设置。用户可分别为"背景"、"文本"、"链接"、"已访问链接"和"活动链接"
　设置颜色。最后设置页面的"左边距"和"上边距"的大小，并对"边距宽度"和"边距高
　度"进行设置，如图2-16所示。

⑪ 单击"页面属性"对话框左侧的"链接（CSS）"，在右侧可看到"链接（CSS）"的设置
　参数，如图2-17所示。

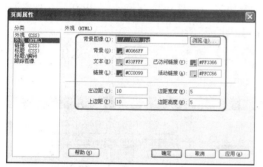
图2-16　设置"外观（HTML）"参数

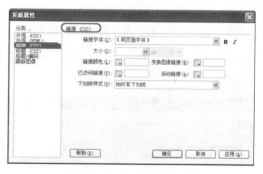
图2-17　"链接（CSS）"参数

⑫ 在"链接字体"处为链接文本设置字体。默认情况下，Dreamweaver将链接文本的字体设置为
　与整个页面文本相同的字体，当然也可以设置其他的字体。在"大小"文本框中输入数值，
　设置链接文本的字体大小，如图2-18所示。

⑬ 在"链接颜色"中设置应用链接的文本的颜色；设置"变换图像链接"颜色，当鼠标指针移
　至链接上时颜色会发生变化；设置"已访问链接"的色彩，当文字链接被访问后就会呈现设
　置的颜色；在"活动链接"中设置鼠标指针在链接上单击时应用的颜色，如图2-19所示。

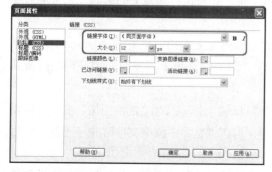
图2-18　设置字体与大小

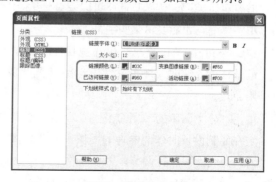
图2-19　设置链接颜色

⒕ 在"下画线样式"下拉列表中，设置应用于链接的下画线样式，例如选择"仅在变换图像时显示下画线"选项，如图2-20所示。

⒖ 选择"分类"下的"标题（CSS）"，在"标题"区域中可以设置"标题字体"，并分别设置"标题1"至"标题6"的字体大小与颜色，如图2-21所示。

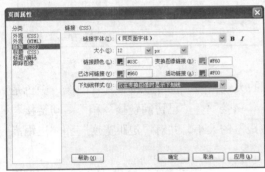

图2-20　设置下画线样式　　　　　　　　　图2-21　设置标题

⒗ 单击"分类"下的"标题/编码"，在打开的"标题/编码"属性设置区域中，设置在文档窗口和大多数浏览器窗口的标题栏中出现的页面标题，如图2-22所示。

⒘ 在"文档类型（DTD）"下拉列表中，选择一种文档类型，一般默认为"XHTML 1.0 Transitional"，如图2-23所示。

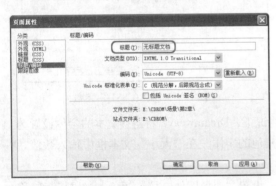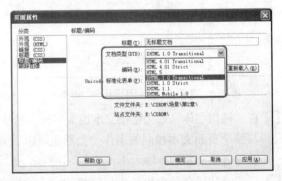

图2-22　设置标题　　　　　　　　　　图2-23　设置文档类型

⒙ 在"编码"处指定文档中字符所用的编码。如果选择Unicode（UTF-8）作为文档编码，则不需要实体编码，因为UTF-8可以安全地表示所有字符。如果选择其他文档编码，则可能需要用实体编码才能表示某些字符。

⒚ "Unicode标准化表单"仅在选择UTF-8作为文档编码时才启用，它有四种Unicode范式。最重要的是"C（规范分解，后跟规范合成）"，因为它是用于万维网的字符模型的最常用范式。

⒛ 单击"分类"下的"跟踪图像"，在"跟踪图像"区域下，可以在"跟踪图像"文本框中指定在复制设计时作为参考的图像。该图只供参考，当在浏览器中浏览文件时并不出现。然后对"透明度"进行调节，用来更改跟踪图像的透明度，如图2-24所示。

㉑ 完成"页面属性"的设置后，单击"确定"按钮。在文档中输入文本，刚刚设置的页面属性基本都可显示出来，如图2-25所示。

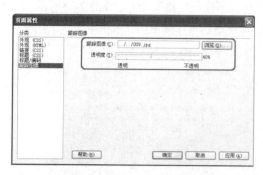

图2-24　设置跟踪图像

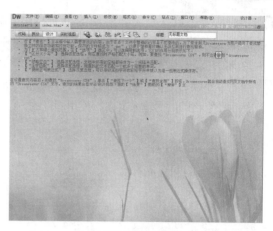

图2-25　页面属性效果

2.2　编辑文本和设置文本属性

　　在Dreamweaver CS6中，可以通过直接输入、复制和粘贴或导入的方式，轻松地将文本插入到文档中。除此之外，还可以通过"插入"面板上的"文本"面板插入一些文本内容，如日期、特殊字符等。

▶ 2.2.1　插入文本和设置文本属性

　　插入和编辑文本是网页制作的重要步骤，也是网页制作的重要组成部分。在Dreamweaver中，插入网页文本比较简单，可以直接输入，也可以将其他电子文本中的文本复制到其中。本节将具体介绍网页文本输入和编辑的制作方法。

01　启动Dreamweaver CS6软件，打开随书附带光盘中的"源文件\素材\第2章\素材01.html"文件，如图2-26所示。

02　打开随书附带光盘中的"源文件\素材\第2章\文本.txt"，复制该文本内的内容，回到文档窗口中，将光标置于表格中，将复制的文本粘贴到该表格中，如图2-27所示。

图2-26　打开原始文件

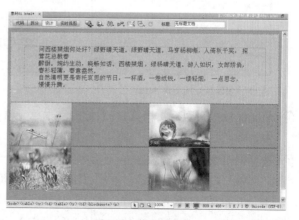

图2-27　输入文本

03 将光标置于第一个图像右侧的单元格中，先进行空格。执行"窗口"|"插入"命令，打
开面板，单击"常用"按钮，在下拉菜单中选择"文本"选项，在"文本"选项卡中单击
![字符]按钮，在弹出的下拉菜单中执行"不换行空格"命令，如图2-28所示。

04 单击"不换行空格"按钮一次即空一个格，如果要多次空格可连续单击，本例中共空了4个格。
然后在空格的后面输入文本，使用同样的方法在其他3个单元格中输入文本，如图2-29所示。

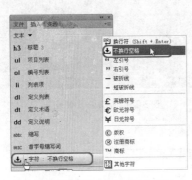

图2-28　执行"不换行空格"命令

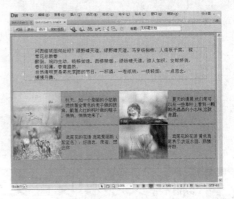

图2-29　输入文本

05 如果要对输入的文本重新编辑，可以直接在网页文档中进行修改。完成文本输入后，通常情
况下还需在"属性"面板中对文本的属性进行设置，如图2-30所示。

图2-30　"属性"面板

06 在窗口文档中选择文本内容，将"属性"面板切换至CSS样式选项，在该面板中单击字体颜
色色块，在弹出的对话框中为其指定一个CSS规则，在此将其指定为"j"，如图2-31所示。
设置完成后单击"确定"按钮，文本颜色改变后的效果如图2-32所示。

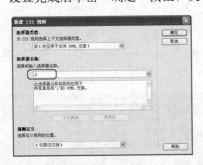

图2-31　改变文本颜色

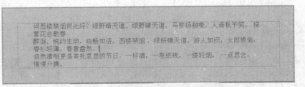

图2-32　文本颜色改变后的效果

07 将光标放置在网页文档第2行右侧的文本单元格中，文本的开始位置即可。在"属性"面板
中，将"垂直"设置为"顶端"，使文本位于单元格的顶端，如图2-33所示。

08 选择网页文档第2行右侧单元格中的文本，在"属性"面板中将"大小"设置为"18"，
"字体"设置为"隶书"，在设置时会弹出"新建CSS规则"对话框，此处将其指定为"文
本"，如图2-34所示。单击"确定"按钮即可，设置后的效果如图2-35所示。

09 在Dreamweaver CS6中，输入文本和编辑文本的使用方法与经常使用的Word办公文档相近，

是比较容易掌握的。

图2-33　改变文本垂直位置

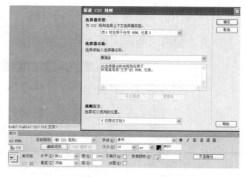

图2-34　设置"大小"与"字体"

图2-35　设置后的效果

2.2.2　在文本中插入特殊字符

在现代的网页文本中，经常看到一些特殊的字符，如◎、€、◇等。某些特殊字符在HTML中以名称或数字的形式表示，称为实体。HTML包含版权符号（©）、"与"符号（&）、注册商标符号（®）等Dreamweaver本身拥有的字符的实体名称。每个实体都有一个名称（如—）和一个数字等效值（如—）。

下面将对Dreamweaver CS6中的特殊字符进行介绍。

01 启动Dreamweaver CS6软件，打开随书附带光盘中的"源文件\素材\第2章\素材02.html"文件，如图2-36所示。

02 将光标放置在图像右侧的单元格中，打开"文本"插入面板，单击 🔲・字符：其他字符 上的小三角形，在弹出的下拉列表中可看到Dreamweaver中的特殊符号，如图2-37所示。

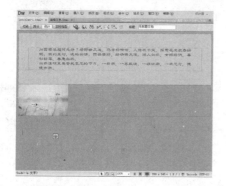

图2-36　打开原始文件

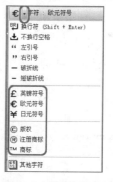

图2-37　查看特殊符号

03 单击其中任意一个，即可插入相应的符号。图2-38所示为依次插入的几个特殊符号。

04 如果要使用Dreamweaver中的其他字符，可以单击"文本"插入面板下的 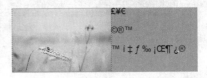 上的倒三角形，在弹出的下拉列表中选择"其他字符"选项，打开"插入其他字符"对话框，如图2-39所示。

05 在此对话框中单击想要插入的字符，然后单击"确定"按钮，即可在网页文档中插入相应的字符。图2-40所示为在网页文档中随意插入的一些特殊字符。

图2-38　插入特殊符号　　　　图2-39　"插入其他字符"对话框　　　　图2-40　插入其他字符

▶ 2.2.3　使用水平线

水平线用于分隔网页文档的内容，合理的使用水平线可以取得非常好的效果。在一篇复杂的文档中插入几条水平线，就会变得层次分明，便于阅读了。

01 启动Dreamweaver CS6软件，打开随书附带光盘中的"源文件\素材\第2章\素材03.html"文件，如图2-41所示。

02 将光标放置在要插入水平线的位置，打开"常用"插入面板，在其中单击"水平线"按钮，如图2-42所示。

图2-41　原始文件　　　　　　　　　　图2-42　单击"水平线"按钮

03 插入水平线并选中，在"属性"面板中设置水平线的属性，如图2-43所示。设置完成后，水平线的效果如图2-44所示。

图2-43　水平线的属性　　　　　　　　图2-44　水平线效果

水平线属性面板中的各项参数如下所述。

- 宽：在此文本框中输入水平线的宽度值，默认单位为像素，也可设置为百分比。
- 高：在此文本框中输入水平线的高度值，单位只能是像素。
- 对齐：用于设置水平线的对齐方式，有"默认"、"左对齐"、"居中对齐"和"右对齐"4 种方式。
- 阴影：选中该复选框，水平线将产生阴影效果。
- 类：在其列表中可以添加样式，或应用已有的样式到水平线。

04 如果要为水平线设置颜色，可以选择水平线并单击鼠标右键，在弹出的快捷菜单中执行"编辑标签"命令，打开"标签编辑器"对话框。在该对话框左侧选择"浏览器特定的"选项，然后在右侧设置颜色，如图2-45所示。

05 单击"确定"按钮，即可完成水平线颜色的设置。将文件保存，按F12键在浏览器中观看效果，如图2-46所示。

图2-45　选择水平线颜色　　　　　　　　　图2-46　水平线效果

提 示

在Dreamweaver的设计视图中无法看到设置的水平线的颜色，可以将文件保存后在浏览器中查看。或者直接单击"实时视图"按钮，在实时视图中观看效果。

2.2.4　插入日期

Dreamweaver提供了一个方便插入的日期对象，使用该对象可以以多种格式插入当前日期，还可以选择在每次保存文件时都自动更新该日期。

01 启动Dreamweaver CS6软件，打开随书附带光盘中的"源文件\素材\第2章\素材04.html"文件，如图2-47所示。

02 将光标放置在网页文档有色背景的单元格中，打开"常用"插入面板，在其中单击"日期"按钮，如图2-48所示。

03 打开"插入日期"对话框，在该对话框中根据

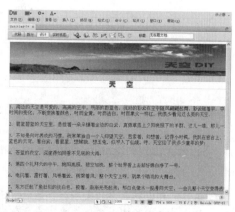

图2-47　打开原始文件

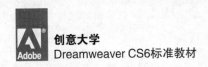

需要设置"星期格式"、"日期格式"和"时间格式"。如果希望在每次保存文档时都更新插入的日期，则选中"储存时自动更新"复选框，如图2-49所示。

04 单击"确定"按钮，即可将日期插入到文档中，如图2-50所示。

图2-48 单击"日期"按钮

图2-49 设置日期

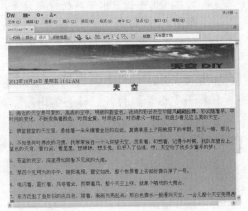

图2-50 插入日期的效果

2.3 格式化文本

下面介绍在文档窗口中如何对文本进行编辑设置。

▶ 2.3.1 设置字体样式

字体样式是指字体的外观显示样式，例如字体的加粗、倾斜、下画线等。利用Dreamweaver CS6可以设置多种字体样式，具体操作如下所述。

01 选定要设置字体的样式文本，如图2-51所示。

02 执行菜单栏中的"格式"|"样式"命令，会弹出子菜单，如图2-52所示。

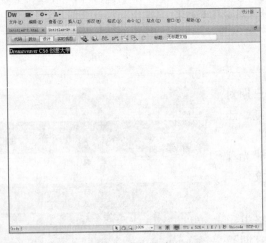

图2-51 输入文本

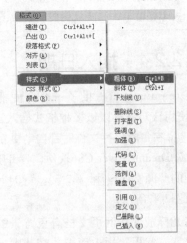

图2-52 执行"样式"命令

- 粗体：可以将选中的文字加粗显示，还可以按Ctrl+B组合键，如图2-53所示。
- 斜体：可以将选中的文字显示为斜体样式，还可以按Ctrl+I组合键，如图2-54所示。

Dreamweaver CS6 创意大学

Dreamweaver CS6 创意大学

图2-53　加粗字体　　　　　　　　　　图2-54　设置字体为斜体

- 下画线：可以在选中的文字下方显示一条下画线，如图2-55所示。
- 删除线：将选定文字的中部横贯一条横线，表明文字被删除，如图2-56所示。

Dreamweaver CS6 创意大学　　　　~~Dreamweaver CS6 创意大学~~

图2-55　添加下画线　　　　　　　　　图2-56　添加删除线

- 打字型：可以将选中的文字作为等宽文本来显示。
- 强调：可以将选中的文字在需要的文件中强调，大多数浏览器会把它显示为斜体样式，如图2-57所示。
- 加强：可以将选中的文字在文件中以加强的格式显示，大多数浏览器会把它显示为粗体样式，如图2-58所示。

Dreamweaver CS6 创意大学　　　　**Dreamweaver CS6 创意大学**

图2-57　强调文字　　　　　　　　　　图2-58　加强文字

2.3.2　编辑段落

段落是指一段格式上统一的文本。在文件窗口中每输入一段文字，按回车键后，就会自动地形成一个段落。编辑段落主要是对网页中的一段文本进行设置，主要操作包括设置段落格式、预格式化文本、段落的对齐方式、设置段落文本的缩进等。

1. 设置段落格式

设置段落的具体操作如下所述。

01 将光标放在段落中任意位置或选择段落中的一些文本。

02 可以执行以下操作之一。

- 执行菜单栏中的"格式"|"段落格式"命令。
- 在"属性"面板的"格式"下拉列表中选择段落格式，如图2-59所示。

图2-59　段落格式

03 选择一个段落格式，例如标题1，与所选格式关联的HTML标记（表示"标题1"的h1、表示"预先格式化的"文本的pre等）将应用于整个段落。若选择"无"选项，则删除段落格式，如图2-60所示。

04 在段落格式中对段落应用标题标签时，Dreamweaver会自动添加下一行文本作为标准段落。若要更改此设置，可执行"编辑"|"首选参数"命令，在弹出的对话框中的"常规"分类"编辑选项"区域中，取消选中"标题后切换到普通段落"复选框，如图2-61所示。

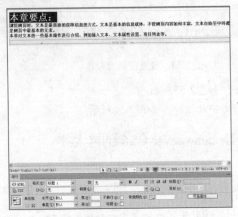
图2-60　设置格式

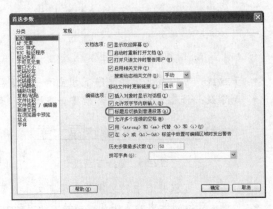
图2-61　取消选中复选框

2. 定义预格式化

在Dreamweaver中，不能连续输入多个空格，如图2-62所示。在显示一些特殊格式的段落文本时，这一点就显得非常不方便。

在这种情况下，可以使用预格式化标记<pre>和</pre>来解决这个问题。

在Dreamweaver中，设置预格式化段落的具体操作如下所述。

01 将光标放置在要设置预格式化的段落中，如果要将多个段落设置为预格式化，则选择多个段落，如图2-63所示。

图2-62　不能空多个空格

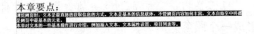
图2-63　选择多个段落

02 在"属性"面板的"格式"下拉列表中选择"预格式化的"选项，或执行"格式"｜"段落格式"｜"已编排格式"命令，如图2-64所示。

如果要在段落的段首空出两个空格，不能直接在"设计"视图中输入空格，应切换到"代码"视图中，在段首文字前输入代码" "，如图2-65所示。一个代码表示一个半角字符，若要空出两个汉字的位置，即需要添加4个代码。这样，在浏览器中就可以看到段首已经空出两个格了。

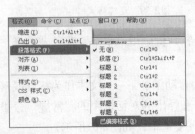
图2-64　预格式化

图2-65　空出两个格

3. 段落的对齐方式

段落的对齐方式指的是段落相对文件窗口在水平位置的对齐方式，共有4种：左对齐、居中对齐、右对齐、两端对齐。

对齐的具体操作如下所述。

01 将鼠标放置在需要设置对齐方式的段落中，如果需要设置多个段落，则需要选择多个段落。

02 然后执行以下操作之一。

- 执行菜单栏中的"格式"｜"对齐"命令，从子菜单中选择相应的对齐方式。
- 单击"属性"面板中的对齐按钮。

4. 段落缩进

在强调一些文字或引用其他来源的文字时，需要将文字进行段落缩进，以示和普通段落的区别。缩进主要是指内容相对于文档窗口左端产生的间距。

具体的操作如下所述。

01 将光标放置在要设置缩进的段落中，如果要缩进多个段落，则要选择多个段落。

02 然后执行以下操作之一。

- 执行菜单栏"格式"｜"缩进"命令，即可将当前段落向右缩进一段位置。
- 单击"属性"面板中的 或 按钮，即可实现当前段落的凸出或缩进。

在对段落的定义中，使用回车键可以使段落之间产生较大的间距，即用\<p>和\</p>标记定义段落；若要对段落文字进行强制换行，可以按Shift+回车键，通过在文件段落的相应位置插入一个\
标记来实现。

2.4 项目列表设置

在编辑Word文档时，有的时候需要对一些文字加上编号或项目符号，将一系列文字归纳在一个板块里，有利于阅读，也使文章按照项目有序的排列。制作网页文本也一样，在Dreamweaver中，可以使用项目功能命令，将一些项目按照顺序排列。项目列表可以分为有序列表和编号列表。项目列表也可以嵌套，嵌套项目列表是包含在其他项目列表中的项目列表。例如，可以在编号列表或项目列表中嵌套其他的数字或编号项目列表。

2.4.1 项目列表和编号列表

"项目列表"中各个项目之间没有顺序级别之分，通常使用一个项目符号作为每条列表项的前缀，如图2-66所示。

"编号列表"通常可以使用阿拉伯数字、英文字母、罗马数字等符号来编排项目，各个项目之间通常有一种先后关系，如图2-67所示。

在Dreamweaver中还有定义列表方式，它的每一个列表项都带有一个缩进的定义字段，就好像解释文字一样，如图2-68所示。

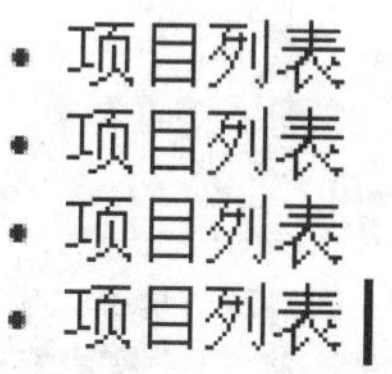

- 项目列表
- 项目列表
- 项目列表
- 项目列表

图2-66　项目列表

	定义列表
1. 编号列表	定义列表
2. 编号列表	
3. 编号列表	定义列表
4. 编号列表	
	定义列表

图2-67 编号列表 　　　　　　图2-68 定义列表

实例：创建项目列表和编号列表

源 文 件：	源文件\场景\第2章\创建项目列表和编号列表.html
视频文件：	视频\第2章\2.4.1.avi

在网页文档中使用项目列表，可以增加内容的次序性和归纳性。在Dreamweaver中创建项目列表有很多种方法，显示的项目符号也多种多样。

下面介绍如何创建项目列表和编号列表，其具体操作步骤如下所述。

01 启动Dreamweaver CS6软件，打开随书附带光盘中的"源文件\素材\第2章\创建项目列表和编号列表.html"，如图2-69所示。

02 将光标置于入文字"湖泊风景："的后面，按Enter键，新建行并输入文本，如图2-70所示。

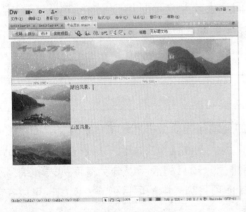

图2-69 原始文件

图2-70 输入文字

03 选中输入的文本，打开"属性"面板，单击"项目列表"按钮，如图2-71所示。

04 单击"项目列表"按钮后，即可在选中的文本前显示一个项目符号，然后将光标放置在文本的最后，按Enter键将自动创建第2个项目，然后输入文字，如图2-72所示。

图2-71 单击"项目列表"按钮

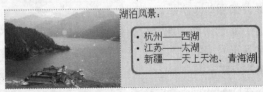

图2-72 创建项目

提示

创建项目列表，还可以直接单击"文本"插入面板中的"项目列表"按钮。

05 将光标放置在文字"山岳风景："后面，按Enter键，新建行并输入文本，在"属性"面板中单击"编号列表"按钮，如图2-73所示。

06 单击"编号列表"按钮后，在光标处自动显示第1个序号，如图2-74所示。

图2-73　单击"编号列表"按钮

图2-74　显示编号

07 将光标移至文字的后面，按Enter键，新建第2个序号，然后输入文字。重复操作，创建多个序号排列的项目，完成后的效果如图2-75所示。

08 对该文件进行保存，按F12键预览效果，效果如图2-76所示。名称设置为"创建项目和编号列表"。

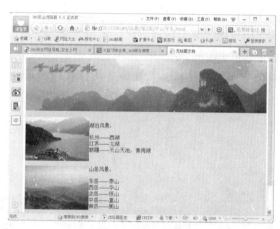

图2-75　编号列表的效果

图2-76　预览效果

▶ 2.4.2　嵌套项目

嵌套项目是项目列表的子项目，其创建方法与创建项目的方法基本相同，下面进行介绍。

➡ 实例：　创建嵌套项目

源　文　件：	源文件\场景\第2章\创建嵌套项目.html
视频文件：	视频\第2章\2.4.2.avi

下面介绍如何创建嵌套，具体操作步骤如下所述。

01 启动Dreamweaver CS6软件，打开随书附带光盘中的"源文件\素材\第2章\创建嵌套项目.html"文件，如图2-77所示。

02 将光标放置在文字"四大古都"的后面，按Enter键新建行。在"属性"面板中单击"文本缩进"按钮，使光标向内缩进一个字符，然后单击"编号列表"按钮，创建编号项目，如图2-78所示。

图2-77　原始文件

图2-78　创建编号列表

03 在编号后面输入文字，然后按照创建编号项目的方法，创建出多个编号名称，完成后的效果如图2-79所示。

04 嵌套项目可以是项目列表，也可以是编号列表，如果要将已有的项目设置为嵌套项目，可以选中项目中的某个项目，然后单击"文本缩进"按钮，再单击"项目列表"或"编号列表"按钮即可更改嵌套项目的显示方式。

05 对该文件进行保存，名称设置为"创建项目和编号列表"。按F12键预览效果，如图2-80所示。

图2-79　创建嵌套项目

图2-80　预览效果

▶ 2.4.3　项目列表设置

项目列表设置主要是在项目的属性对话框中进行的。使用"列表属性"对话框可以设置整个列表或个别列表项的外观。可以设置编号样式、重置计数或设置个别列表项或整个列表的项目符号样式选项。

01 将插入点放置在列表项的文本中后，在菜单栏中执行"格式"｜"列表"｜"属性"命令，打开"列表属性"对话框，如图2-81所示。

02 在"列表属性"对话框中，设置用来定义列表的选项。

- 在"列表类型"下拉列表中，选择项目列表的类型，其中包括"项目列表"、"编号列表"、"目录列表"和"菜单列表"。
- 在"样式"下拉列表中，选择项目列表或编号列表的样式。

03 当在"列表类型"下拉列表中选择"项目列表"时，可以选择的"样式"有"项目符号"和"正方形"两种，如图2-82所示。

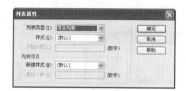

图2-81 "列表属性"对话框

- 项目列表——项目符号样式
- 项目列表——项目符号样式
- 项目列表——项目符号样式
- 项目列表——项目符号样式
- 项目列表——项目符号样式

- 项目列表——正方形样式
- 项目列表——正方形样式
- 项目列表——正方形样式
- 项目列表——正方形样式
- 项目列表——正方形样式

图2-82 项目列表的两种样式

04 将"列表类型"设置为"编号列表"时，可选择的"样式"有"数字"、"小写罗马字母"、"大写罗马字母"、"小写字母"和"大写字母"，如图2-83所示。

1. 编号列表——数字样式
2. 编号列表——数字样式
3. 编号列表——数字样式
4. 编号列表——数字样式
5. 编号列表——数字样式

I. 编号列表——大写罗马字母样式
II. 编号列表——大写罗马字母样式
III. 编号列表——大写罗马字母样式
IV. 编号列表——大写罗马字母样式
V. 编号列表——大写罗马字母样式

a. 编号列表——小写字母样式
b. 编号列表——小写字母样式
c. 编号列表——小写字母样式
d. 编号列表——小写字母样式
e. 编号列表——小写字母样式

图2-83 编号列表的几种样式

- 选择"编号列表"时，在"开始计数"文本框中可以输入有序编号的起始数值。该选项可以使插入点所在的整个项目列表从第一行开始重新编号。
- 在"新建样式"下拉列表框中，可以为插入点所在行及其后面的行指定新的项目列表样式，如图2-84所示。
- 当选择"编号列表"时，在"重新计数"文本框中，可以输入新的编号起始数字。
- 这时从插入点所在行开始到以后各行，会从新数字开始编号，如图2-85所示。

1. 编号列表
ii. 编号列表
III. 编号列表
d. 编号列表
v. 编号列表

1. 编号列表
2. 编号列表
6. 编号列表
7. 编号列表
8. 编号列表

图2-84 不同的样式　　　　图2-85 从新数字开始编号

05 设置完成后，单击"确定"按钮即可。在设置项目属性的时候，如果在"列表属性"对话框中的"开始计数"文本框中输入有序编号的起始数值，那么在光标所处的位置上整个项目列表会重新编号。如果在"重新计数"文本框中输入新的编号起始数字，那么在光标所在的项目列表处以输入的数值为起点，重新开始编号。

2.5 检查和替换文本

在Dreamweaver中检查和替换文本中的文字或标签是一种比较常见的操作。使用Dreamweaver中的检查和替换功能，不仅可以查找和替换当前网页中的文字或标签，还可以查找站点内网页中的文字或标签，对更新和管理网页中的文本来说，非常方便。

2.5.1 检查拼写

完成文本编辑后，还可利用Dreamweaver提供的检查拼写功能对文档中的英文内容进行检查。

图2-86　提示框

图2-87　"检查拼写"对话框

01 确认需要检查拼写的文档处于编辑状态下，在菜单栏中执行"命令"|"检查拼写"命令，如果文档没有错误，那么会弹出提示框，如图2-86所示。如果发现错误，会打开"检查拼写"对话框，如图2-87所示。

02 在"字典中找不到单词"文本框中显示了文档中找到的可能出错的单词。

03 在下面的建议列表框中显示了系统字典中与该单词相近的一些单词，如果希望修改错误的单词，则在该列表框中选择正确的单词，并单击旁边的"更改"按钮即可；如果列表框中没有需要的单词，可以直接在"更改为"文本框中输入，然后单击"更改"按钮。如果希望完成对同一拼写错误的改正，则单击"全部更改"按钮即可。

04 如果希望忽略对该单词的检查，则单击"忽略"按钮。如果希望忽略文档中对该单词的所有检查，则单击"忽略全部"按钮。

05 如果该单词是正确的，而Dreamweaver的字典中没有存储，则可单击"添加到私人"按钮，将该单词加入到字典中。

06 单击"关闭"按钮完成拼写检查。

2.5.2　查找和替换

查找和替换功能在网页制作中经常使用，特别是替换功能，它可以快速地帮助使用者替换网页中需要替换的文本、标签等符号。

01 打开文档，在菜单栏中执行"编辑"|"查找和替换"命令，打开"查找和替换"对话框，如图2-88所示。

02 在"查找范围"下拉列表中，选择需要查找的范围，如图2-89所示。

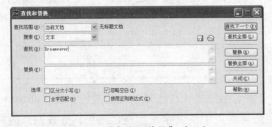

图2-88　"查找和替换"对话框

图2-89　查找范围

- 所选文字：从当前文档被选中的文字中进行查找或替换。
- 当前文档：只能在当前文档中查找或替换。
- 打开的文档：可以在Dreamweaver已打开的网页文档中进行查找或替换。
- 文件夹：可以查找指定的文件组。选择文件夹后，单击文件夹图标选择需要查找的文件目录。

- 站点中选定的文件：可以查找站点窗口中选中的文件或文件夹。当站点窗口处于当前状态时可以显示。
- 整个当前本地站点：可以在目前所在整个本地站点内进行查找和替换。

03 选择"查找范围"后，在"搜索"下拉列表中，选择搜索的种类，如图2-90所示。

- 源代码：可以在HTML源代码中查找特定的文本字符。
- 文本：可以在文档窗口中查找特定的文本字符。文本查找将忽略任何HTML标记中断的字符。
- 文本（高级）：只可以在HTML标记里面或只在标记外面查找特定的文本字符，如图2-91所示。

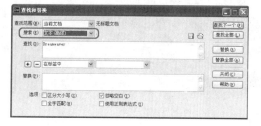

图2-90　搜索种类　　　　　　　　图2-91　搜索"文本（高级）"

- 指定标签：可以查找特定标记、属性和属性值，如图2-92所示。

04 在"查找"文本框中输入需要查找的内容，由于在多个文档中替换的内容是不可撤销的，为了安全起见，Dreamweaver为用户提供了查找替换文件的保存功能和打开功能，保存的文件格式为".dwr"，以便在替换最终确认无误后再进行查找替换。

05 为了扩大和缩小查找范围，在"选项"选区中，可以选择限制选项，它们的作用分别如下所述。

- 区分大小写：选中该复选框，则在查找时严格匹配大小写。例如，要查找"Dreamweaver CS6"，则不会查找到"dreamweaver cs6"。
- 忽略空白：选中该复选框，文档中所有的空格都将作为一个间隔来匹配。
- 全字匹配：选中该复选框，则查找的文本匹配一个或多个完整的单词。
- 使用正则表达式：选中该复选框，可以导致某些字符或较短字符串被认为是一些表达式操作符。

06 在设置查找内容后，如查找"Dreamweaver CS6"，则单击"查找下一个"或"查找全部"按钮，Dreamweaver就会自动查找网页文档中所有的"Dreamweaver CS6"文字。查找的结果会显示在设计视图下面"结果"面板的"搜索"文本框中，如图2-93所示。

图2-92　搜索"指定标签"

图2-93　查找结果面板

2.6　拓展练习——制作广告公司简介网页

源　文　件：	源文件\场景\第2章\制作广告公司简介网页.html
视频文件：	视频\第2章\2.6.avi

下面制作一个简单的广告公司简介网页来复习一下本章介绍的知识内容。案例效果如图2-94所示。

01 运行Dreamweaver软件，按Ctrl+O组合键，在弹出的对话框中选择随书附带光盘中的"源文件\
素材\第2章\创建广告公司简介网站.html"文件，如图2-95所示。

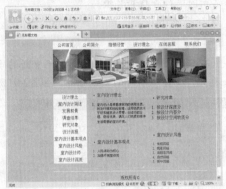

图2-94　效果图　　　　　　　　　　　　　　　图2-95　"打开"对话框

02 单击"打开"按钮，即可将选择的"创建广告公司简介网站.html"文件在文档窗口中打
开，如图2-96所示。

03 在文档窗口中选择"诚旭广告有限公司"文本，如图2-97所示。

图2-96　打开的文件　　　　　　　　　　　　　　图2-97　选择文本内容

04 选择"属性"面板，在该面板中单击 CSS 按钮，将字体大小设置为"24"，在弹出的对话
框中为其指定一个CSS样式，此处输入"j"，如图2-98所示。

05 单击"确定"按钮，将文本的样色设置为红色，完成后的效果如图2-99所示。

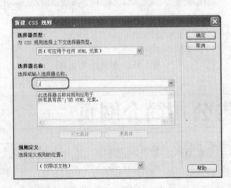
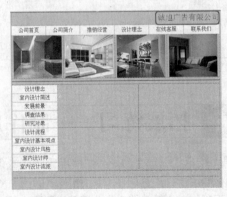

图2-98　"新建CSS规则"对话框　　　　　　　　图2-99　设置完成后的效果

06 将光标置于插图下侧的表格中，在菜单栏中执行"插入"|"HTML"|"水平线"命令，如图2-100所示。

07 执行完该命令后，即可在表格中插入水平线，如图2-101所示。

图2-100 执行"水平线"命令

图2-101 插入的水平线

08 将光标置于下侧的表格中并输入文本内容，在"属性"面板中单击"项目列表"按钮，完成后的效果如图2-102所示。

09 再另起一行，输入文本，使用上面介绍过的方法改变字体的大小，然后单击"属性"面板中的"编号列表"按钮，完成后的效果如图2-103所示。

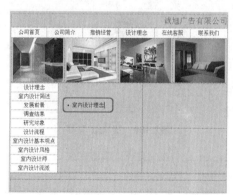

图2-102 设施项目列表

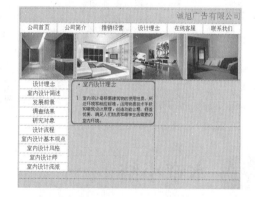

图2-103 完成后的效果

10 将光标置于右侧的表格中，使用同样的方法输入文字并将其CSS样式设置为项目列表，另起一行，输入文本，如图2-104所示。

11 选择新输入的文本内容，在"属性"面板中单击"编号列表"按钮，完成后的效果如图2-105所示。

12 使用同样的方法在其他单元格中输入文本及水平线，完成后的效果如图2-106所示。

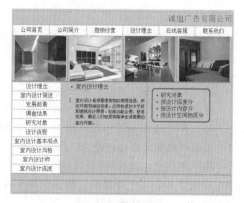

图2-104 输入文本

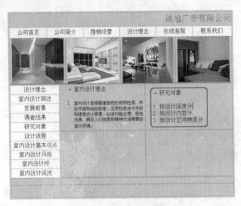

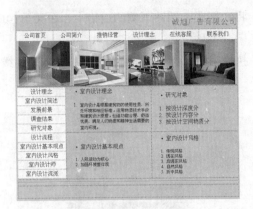

图2-105　改变文本的属性　　　　　　　　图2-106　完成后的效果

13 在最后一个单元格中单击，再次输入文本，在菜单栏中执行"插入"|"HTML"|"特殊字符"|"版权"命令，如图2-107所示。

14 保存场景，按F12键在浏览器窗口观看效果，如图2-108所示。

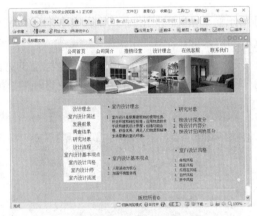

图2-107　执行"版权"命令　　　　　　　　图2-108　预览效果

2.7 本章小结

本章主要介绍了创建文本网页的方法，以及编辑和设置文本属性、格式化文本、设置项目列表、检查和替换文本的方法。

- 在菜单栏中执行"文件"|"新建"命令，打开"新建文档"对话框，在该对话框中进行设置，然后单击"创建"按钮，即可创建网页文档；在菜单栏中执行"文件"|"保存"命令，即可保存网页文档。

- 在"文本"插入面板中单击 字符·其他字符 上的小三角形，在弹出的下拉列表中选择一种特殊符号，即可在文档中插入相应的符号；在"常用"插入面板中单击"水平线"按钮，即可插入水平线；在"常用"插入面板中单击"日期"按钮，打开"插入日期"对话框，在该对话框中根据需要进行设置，然后单击"确定"按钮，即可将日期插入到文档中。

- 在菜单栏中执行"格式"|"样式"命令，在弹出的子菜单中可以设置字体样式；在"属性"面板中单击"项目列表"按钮，即可在选中的文本前显示一个项目符号，单击"编号列表"按钮，可以创建编号项目。

2.8 课后习题

1. 选择题

（1）文本是基本的信息载体，不管网页内容如何丰富，文本自始至终都是网页中最基本的（　　）。

　　　　A.元素　　　　　　　　B.像素　　　　　　　　C.单元格　　　　　　D.载体

（2）在Dreamweaver CS6中默认的保存格式是（　　）。

　　　　A. All Documents　　　B. HTML Documents　　　C. XML Files　　　D. Text Files

2. 填空题

（1）　　　　和　　　　是网页制作的重要步骤，也是网页制作的重要组成部分。

（2）在Dreamweaver中编辑段落的主要操作包括　　　　、　　　　、　　　　、　　　　等。

（3）在网页文档中使用项目列表的好处是　　　　　　　　　　　　　　　　　　　　　。

3. 判断题

（1）保存网页的时候，可以在"保存类型"下拉列表中根据制作网页的要求选择不同文件类型，主要用文件的名称来区别文件的类型。（　　）

（2）在Dreamweaver CS6中，水平线用于分隔网页文档的内容。（　　）

4. 上机操作题

根据本章介绍的知识制作一个简单的文本网页，效果如图2-109所示。

图2-109　文本网页

第3章
创建超级链接

超链接是网页中非常重要的部分，它是网页的灵魂，用户只需单击文本中的链接，即可跳转到相应的网页。链接为网页提供了极为便捷的查阅功能，让人可以尽情地享受网络所带来的无限乐趣。

学习要点

- 了解创建链接的方法
- 掌握创建锚记链接的方法
- 掌握创建下载链接的方法
- 掌握创建E-mail链接的方法
- 掌握创建热点链接的方法
- 掌握链接检查的方法

3.1 网页链接的概念

　　超链接是网页中不可缺少的重要部分。它能够合理、协调地把网站中的若干个网页组合成一个整体网站，可供访问者简单明了地访问到要查看的网页。

　　所谓的超链接是指从一个网页指向一个目标的链接关系，所连接的可以是另一个网页，也可以是相同网页上的不同位置，还可以是一张图片、一个文件，甚至还可以是一个应用程序。当访问者单击已连接的文字或者图片后，链接目标将显示在浏览器上，并且根据目标的类型打开或运行。

　　在实际的网页制作中，设置网页链接的路径有三种：绝对路径、文档相对路径和根相对路径。

3.1.1　路径的概念

　　URL（Uniform Resource Locator，统一资源定位符）主要用于指定取得互联网上资源的位置与方式。URL的构成如下所列。

　　资源获取方式：//"URL地址"、"port"、"目录"、…、"文件名称"。

　　其中资源获得方式是访问该资源所采用的协议，该协议可以是下面的几种。

- http：//：超文本传输协议。
- ftp：//：文件传输协议。
- Gopher：//：gopher协议。
- Mailto：电子邮件地址。
- News：User net新闻组。
- Telnet：使用Telnet协议的互动会话。
- File：本地文件。

　　"URL地址"是存放该资源主机的IP地址，通常以字符形式出现。例如，www.khp.com.cn。

　　"port"是服务器在该主机所使用的端口号。一般情况下端口号不需要指定，只有当服务器所使用的端口号不是默认的端口号时才会指定。

　　"目录"和"文件名称"是该资源的路径和文件名。

3.1.2　绝对路径

　　如果在超链接中使用了完整的URL地址，例如www.baidu.com，则这种链接路径就称为绝对路径。

　　绝对路径就是被链接文档的完整URL，包括所使用的传输协议，网页通常是"http：//"，从一个网站的网页链接到另一个网站的网页时，必须使用绝对路径，确保当一个网站的网址发生变化时，被引用的另一个网站的页面不会受到任何影响。

　　绝对路径不利于网页链接的测试，如果在站点中使用了绝对路径，若想要知道链接是否成功，必须在服务器上进行测试。

3.1.3　相对路径

　　相对路径可以表示源端点和目标端点之间的相互位置，它同源端点的位置密切相关。如果链

接中源端点和目标端点在同一个目录下，则在链接路径中只需要指明目标端点的文件名即可。

当需要把当前文档与处在相同文件夹中的另一文档连接时，就可以使用相对路径了。在指定文档相对路径时，省去了当前文档和被链接文档绝对URL中相同的部分。具体有下面几种情况。

- 如果想要把当前的文档链接到同一文件夹中的不同目录中，只需提供被链接的文档的文件名即可。
- 如果想要把当前的文档链接到当前文档所在的文件夹的子文件夹中，需要提供此文件夹的名称、正斜杠和文件名。
- 如果想要把当前的文档链接到当前文档所在的文件夹的父文件夹中，只需在文件名前加上"../"即可。

> **提 示**
>
> 如果对相对路径的文件成组移动时，例如移动整个文件夹，则该文件夹内的所有文件的相对路径不变，此时不需要更新这些文件夹中文档的相对链接，但是如果移动该文件夹中的单个文件时，就需要对该文件的相对路径进行更新。

3.1.4 站点根目录相对路径

站点根目录相对路径是指从站点根文件夹到被连接文档所经过的路径。相对路径通常以正斜杠开头，它代表站点根文件夹。一般在处理使用多个服务器的大型Web站点，或者在使用承载多个站点的服务器时，需要使用根相对路径。

根相对路径是指定网站内文档链接的最好方法，因为在移动一个包含相对链接的文档时，无需对原有的链接进行修改。

3.2 创建链接的方法

在Dreamweaver CS6中创建网页链接的方法既快捷又简单，主要有以下几种。

- 使用"属性"面板创建链接。
- 使用"指向文件"图标创建链接。
- 使用快捷菜单创建链接。

3.2.1 使用"属性"面板创建链接

使用"属性"面板把当前文档中的文本或者图像与另一个文档连接。创建链接的具体步骤如下所述。

01 选择文档窗口中需要链接的文本或图像，在"属性"面板中单击"链接"文本框右侧的"浏览文件"按钮，如图3-1所示。

图3-1 单击"浏览文件"按钮

02 执行该操作后，会弹出"选择文件"对话框，在该对话框中选择一个文件，如图3-2所示。

03 选择完成后单击"确定"按钮，在"链接"文本框中便可以显示出被链接文件的路径，如图3-3所示。

04 选择被链接文档的载入位置。在默认的情况下，被链接的文档会在当前窗口打开。要使被链接的文档在其他地方打开，可以在"属性"面板的"目标"下拉列表中选择任何一个选项，如图3-4所示。

图3-2 "选择文件"对话框

图3-3 被链接的图像

图3-4 为链接文档选择载入的位置

3.2.2 使用"指向文件"图标创建链接

使用"属性"面板中的"指向文件"图标创建链接的具体操作步骤如下所述。

01 例如在文档窗口中输入"好看的图片"文本，并将其选中，在"属性"面板中单击"链接"文本框右侧的"指向文件"按钮，并将其拖曳至需要链接的文档中，如图3-5所示。

02 释放鼠标左键，即可将文件链接到指定的目标中。

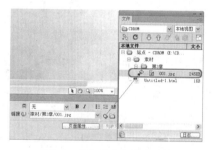

图3-5 通过拖动来创建链接

3.2.3 使用快捷菜单创建链接

在Dreamweaver CS6中，还可以通过菜单来创建链接，其具体操作步骤如下所述。

01 在文档窗口中，选择要加入链接的文本或图像，在菜单栏中执行"修改"|"创建链接"命令，如图3-6所示。

02 在弹出的"选择文件"对话框中选择一个图像，然后单击"确定"按钮，如图3-7所示。

图3-6 选择"创建链接"命令

图3-7 "选择文件"对话框

提 示

除了上述方法之外，还可以通过在选择的对象上单击鼠标右键，在弹出的快捷菜单中执行"创建链接"命令来创建。

3.3 创建链接

创建链接可谓是为网页增加了又一独特的色彩，链接到文档是超链接最主要的形式，除此之外还有锚记链接、空链接、电子邮件链接和下载链接等，可以使用这些链接完成一些特殊的功能。下面介绍各种特殊链接的创建与使用方法。

▶ 3.3.1 锚记链接

创建锚记链接就是在文档中的某个位置插入标记，并且为其设置一个标记名称，以便于引用。锚记常用于长篇文章、技术文件等容量比较大的网页，当单击某一个超链接时，可以跳转到相同网页的特定段落，能够使访问者快速浏览到选定的位置。

如果要创建锚记链接，可以通过在Dreamweaver中将光标置入到要创建锚记链接文本的前面，在菜单栏中执行"插入"|"命名锚记"命令，或按Ctrl+Alt+A组合键，如图3-8所示。执行该操作后，即可弹出一个对话框，在该对话框中输入锚记的名称，如图3-9所示。输入完成后，单击"确定"按钮，选择要链接的对象，在"属性"面板中的"链接"文本框中输入相应的锚记名称即可。

图3-8 执行"命名锚记"命令

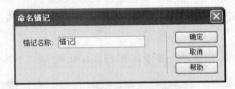

图3-9 "命名锚记"对话框

◆ 实例：创建锚记链接

源 文 件：	源文件\场景\第3章\创建锚记链接.html
视频文件：	视频\第3章\3.3.1.avi

下面介绍如何创建锚记链接，其具体操作步骤如下所述。

01 启动Dreamweaver CS6，按Ctrl+O组合键，在弹出的对话框中选择随书附带光盘中的"源文件\素材\第3章\素材01.html"文件，如图3-10所示。

02 选择完成后，单击"打开"按钮，即可将选中的素材文件打开，效果如图3-11所示。

图3-10 选择素材文件

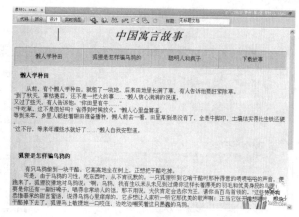

图3-11 打开的素材文件

03 将光标放置在正文"懒人学种田"的前面，在菜单栏中执行"插入"|"命名锚记"命令，如图3-12所示。

04 执行该操作后，即可打开"命名锚记"对话框，在该对话框中的"锚记名称"文本框中输入"锚记1"，如图3-13所示。

05 输入完成后，单击"确定"按钮，即可在插入光标的位置处插入一个锚记，如图3-14所示。

图3-12 执行"命名锚记"命令

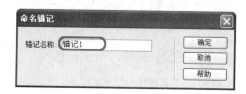

图3-13 设置锚记名称

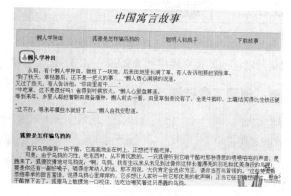

图3-14 插入锚记

06 选择文字"懒人学种田"，在"属性"面板中的"链接"文本框中输入"#锚记1"，按Enter键确认，为其创建锚记链接，如图3-15所示。

07 使用同样的方法为其他的文字创建锚记链接，创建后的效果如图3-16所示。

08 按F12键预览效果。单击"狐狸是怎样骗乌鸦的"文字，如图3-17所示。

09 单击鼠标即可显示该文字，效果如图3-18所示。

图3-15 创建锚记链接

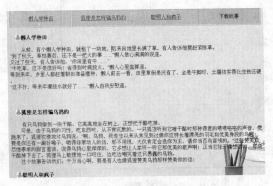

图3-16 为其他文字创建锚记链接

图3-17 将鼠标移至文字上

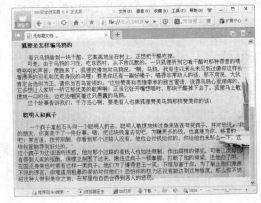

图3-18 预览效果

3.3.2 下载链接

如果需要在网站中为浏览者提供图片或文字的下载资料，就必须为这些图片或文字提供下载链接。如果超链接的网页文件格式为RAR、MP3、EXE等格式时，单击链接就会下载指定的文件。

实例：创建下载链接

源文件：	源文件\场景\第3章\创建下载链接.html
视频文件：	视频\第3章\3.3.2.avi

下面介绍如何创建下载链接，其具体操作步骤如下所述。

01 继续上面的操作，单击"下载故事"文字，如图3-19所示。

02 在"属性"面板中单击"链接"文本框右侧的"浏览文件"按钮，如图3-20所示。

03 执行该操作后，即可打开"选择文件"对话框，在该对话框中选择随书附带光盘中的"源文件\素材\第3章\素材02.zip"，如图3-21所示。

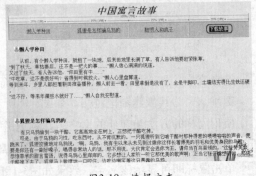

图3-19 选择文本

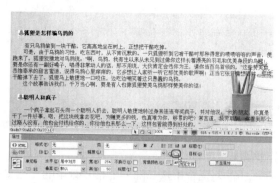

图3-20　单击"浏览文件"按钮

图3-21　选择素材文件

04 选择完成后，单击"确定"按钮，即可创建下载链接，按F12键预览效果，将鼠标移至"下载故事"文字上，如图3-22所示。

05 单击鼠标，即可打开"文件下载"对话框，如图3-23所示。

图3-22　将鼠标移至"下载故事"文字上

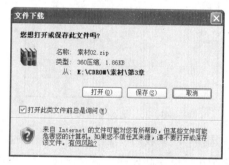

图3-23　"文件下载"对话框

提　示

　　如果在"文件下载"对话框中单击"打开"按钮，即可将该压缩包打开，如图3-24所示；若在该对话框中单击"保存"按钮，即可打开"另存为"对话框，如图3-25所示，在该对话框中为该文件指定保存路径即可。

图3-24　打开的压缩包

图3-25　"另存为"对话框

▶ 3.3.3 E-mail链接

为了方便浏览者与网站管理者之间的沟通，一般的网页中都会设有一个电子邮件的链接。电子邮件是一种极为特殊的链接，单击它，不会自动跳转到指定网页位置上，而是会自动打开一个默认的电子邮件处理系统。

▶ 实例：创建E-mail链接

源 文 件：	源文件\场景\第3章\创建E-mail链接.html
视频文件：	视频\第3章\3.3.3.avi

下面介绍如何创建E-mail链接，其具体操作步骤如下所述。

01 启动Dreamweaver CS6，按Ctrl+O组合键，在弹出的对话框中选择随书附带光盘中的"源文件\素材\第3章\素材03.html"文件，如图3-26所示。

02 选择完成后，单击"打开"按钮，即可将选中的素材文件打开，效果如图3-27所示。

图3-26　选择素材文件

图3-27　打开的素材文件

03 选择"联系我们"文本，在菜单栏中执行"插入"|"电子邮件链接"命令，如图3-28所示。

04 弹出"电子邮件链接"对话框，在"文本"文本框中输入"联系我们"，作为电子邮件链接所显示在文档中的文本。在"电子邮件"文本框中输入一个电子邮件地址，如sy060612@163.com，如图3-29所示。

图3-28　执行"电子邮件链接"命令

图3-29　"电子邮件链接"对话框

05 单击"确定"按钮，即可在页面中创建一个电子邮件连接，如图3-30所示。

06 对该文件进行保存，按F12键预览效果，在浏览器中单击"联系我们"的文字，即可打开"新邮件"窗口，如图3-31所示。

图3-30 创建电子邮件链接

图3-31 "新邮件"窗口

3.3.4 热点链接

热点链接就是利用HTML语言在图像上定义一定范围，然后再为其添加链接，所添加的链接的范围称为热点链接。

实例：创建热点链接

源 文 件：	源文件\场景\第3章\创建热点链接.html
视频文件：	视频\第3章\3.3.4.avi

下面介绍如何创建热点链接，其具体操作步骤如下所述。

01 继续上面的操作，在文档窗口中选择如图3-32所示的对象。

02 在"属性"面板中单击"矩形热点工具"按钮□，如图3-33所示。

图3-32 选择对象

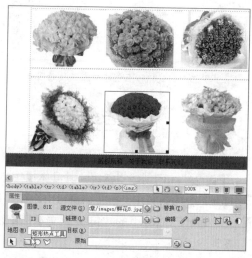

图3-33 单击"矩形热点工具"按钮

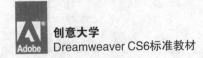
03 在选择的对象上使用"矩形热点工具"绘制一个矩形，并调整该矩形的位置，如图3-34所示。

04 再在"属性"面板中单击"链接"文本框右侧的"浏览文件"按钮，在弹出的"选择文件"对话框中选择随书附带光盘中的"源文件\素材\第3章\鲜花8.jpg"，如图3-35所示。

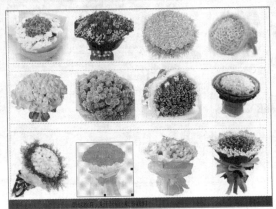

图3-34　绘制矩形热点

图3-35　选择链接的文件

05 选择完成后，单击"确定"按钮，即可创建热点链接，对该文件进行保存，按F12键，在弹出的浏览器中将鼠标移至创建热点链接的图像上，如图3-36所示。

06 单击鼠标，即可查看链接图像的效果，效果如图3-37所示。

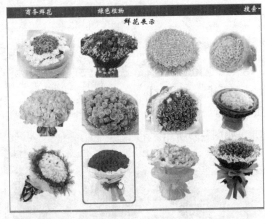

图3-36　将鼠标移至创建热点链接的图像上

图3-37　链接的图像效果

3.3.5　创建空链接

空链接是一种没有指定位置的链接，一般用于为页面上的对象或文本附加行为。

下面介绍如何创建空链接，其具体操作步骤如下所述。

01 打开一个场景文件，在文档窗口中选择"首页"文字，如图3-38所示。

02 在"属性"面板中的"链接"文本框中输入"#"，按Enter键确认，即可创建空链接，如图3-39所示。

03 对该文件进行保存，按F12键在浏览器中预览效果，如图3-40所示。

图3-38 选择要创建链接的文字

图3-39 输入"#"

图3-40 预览效果

3.4 链接的检查

创建好一个站点之后，在上传到服务器之前，为了保险起见，需要检查站点中的所有链接。如果发现站点中存在中断链接，就必须将其修复之后才能上传到服务器。在Dreamweaver CS6中，可以快速地检查站点中存在的问题，以避免出现链接错误。

检查网页链接的具体操作步骤如下所述。

01 在菜单栏中执行"站点"|"检查站点范围的链接"命令，如图3-41所示。

02 执行该操作后，即可打开"链接检查器"面板，在该面板中选择一个显示选项，即可对Dreamweaver中当前的链接情况进行检查。

图3-41 执行"检查站点范围的链接"命令

> 🔍 提示
>
> 如果检查到有问题的文件时，可以直接双击对其进行修改。

3.5 拓展练习——制作链接网站

源 文 件：	源文件\场景\第3章\制作链接网站.html
视频文件：	视频\第3章\3.5.avi

本案例主要通过创建锚机链接、下载链接、E-mail链接和热点链接来完成一个链接网站的制

作，其效果如图3-42所示。

01 启动Dreamweaver软件，在菜单栏中执行"文件"|"打开"命令，如图3-43所示。

02 在弹出的对话框中选择随书附带光盘中的"源文件\素材\第3章\制作链接网页.html"文件，如图3-44所示。

图3-42 网页效果　　　图3-43 执行"打开"命令　图3-44 选择"制作链接网页.html"文件

03 单击"打开"按钮，即可将选择的"制作链接网站.html"文件在文档窗口中打开，如图3-45所示。

04 在打开的制作链接网页.html文件中选择"联系我们"内容，如图3-46所示。

图3-45 打开的制作链接网页.html文件　　　　　图3-46 选择文本内容

05 在菜单栏中执行"插入"|"电子邮件链接"命令，如图3-47所示。

06 打开"电子邮件链接"对话框，在"电子邮件"右侧的文本框中输入邮件地址，如xiaoxiuxiu@163.com，如图3-48所示。

07 单击"确定"按钮，即可为文字添加电子邮件

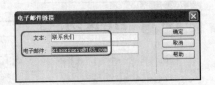

图3-47 执行"电子邮件链接"命令　　图3-48 "电子邮件链接"对话框

链接，从中可以看到字体颜色会发生变化，如图3-49所示。

08 在文档窗口中选择"images/001.png"文件，在"属性"面板中选择"矩形热点工具"按钮🔲，在文档窗口中绘制一个矩形，如图3-50所示。

图3-49　设置链接后的文本

图3-50　创建热点矩形

09 在"属性"面板中单击"链接"文本框右侧的"浏览文件夹"按钮📁，如图3-51所示。

10 在弹出的对话框中选择随书附带光盘中的"源文件\素材\第3章\素材003.zip"文件，如图3-52所示。

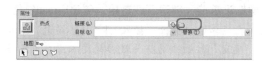
图3-51　"属性"面板

图3-52　选择"素材003.zip"文件

11 单击"确定"按钮，即可为选择的对象添加热点链接及下载链接。

12 在文档窗口中选择我们的文本内容区域，双击，将光标置于"盆景的由来："文本内容的左侧，如图3-53所示。

13 在菜单栏中执行"插入"|"命名锚记"命令，如图3-54所示。

图3-53　插入光标

图3-54　执行"命名锚记"命令

14 在弹出的对话框的文本框中输入"锚记1",如图3-55所示。

15 单击"确定"按钮,在左侧的单元格中选择"盆景的由来"文本。选择"属性"面板,在"链接"右侧的文本框中输入"#锚记1",按回车键确认操作,如图3-56所示。

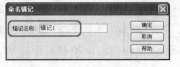

图3-55 命名锚记

16 使用同样的方法,为其他文本内容添加锚记链接。

17 保存场景,按F12键打开浏览器窗口,单击"联系我们"的文字,即可弹出"新邮件"对话框,如图3-57所示。单击添加下载链接后的对象,即可弹出"文件下载"对话框,如图3-58所示。还可以测试其他添加链接后的效果,此处就不再逐一介绍了。

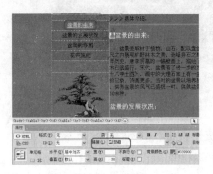

图3-56 设置链接

图3-57 "新邮件"对话框

图3-58 "文件下载"对话框

3.6 本章小结

本章主要介绍了如何创建链接,其中包括创建锚记链接、创建下载链接、创建E-mail链接等。

- 将光标放置在要插入锚记链接文字的前面,在菜单栏中执行"插入"|"命名锚记"命令,在弹出的对话框中输入"锚记名称",单击"确定"按钮,选择要链接的文本,在"属性"面板的"链接"文本框中输入锚记的名称,按Enter键确认,为其创建锚记链接。

- 选择要创建下载链接的文本,在"属性"面板中单击"链接"文本框右侧的"浏览文件"按钮 ,在弹出的对话框中选择相应的压缩文件,单击"确定"按钮,即可创建下载链接。

- 选择要链接的文本,在菜单栏中执行"插入"|"电子邮件链接"命令,在弹出的"电子邮件链接"对话框输入相应的文本,作为电子邮件链接所显示在文档中的文本。在"电子邮件"文本框中输入一个电子邮件地址,如sy060612@163.com,单击"确定"按钮,即可在页面中创建一个电子邮件连接。

- 在文档窗口中选择要创建热点链接的对象,在"属性"面板中单击"矩形热点工具"按钮 ,在选择的对象上使用"矩形热点工具"绘制一个矩形,再在"属性"面板中单击"链接"文本框右侧的"浏览文件"按钮 ,在弹出的对话框中选择相应的文件,单击"确定"按钮,即可创建热点链接。

- 在文档窗口中选择要创建空链接的文字,在"属性"面板的"链接"文本框中输入"#",按Enter键确认,即可创建空链接。

3.7 课后习题

1.选择题

(1)如果想要把当前的文档链接到同一文件夹中的不同目录中,只需要提供被链接的文档的

（　）即可。

  A. 格式　　　　B. 文件夹　　　　C. 路径　　　　D. 文件名

（2）空链接是一种没有指定（　）的链接，一般用于为页面上的对象或文本附加行为。

  A. 方向　　　　B. 位置　　　　C. 大小　　　　D. 角度

2. 填空题

（1）在实际的网页制作中，设置网页链接的路径有三种：＿＿＿＿＿＿、＿＿＿＿＿＿和
＿＿＿＿＿＿。

（2）＿＿＿＿＿是存放该资源主机的IP地址，通常以＿＿＿＿＿＿形式出现。

（3）在Dreamweaver CS6中创建网页链接的方式既快捷又简单，主要的创建方法有：
＿＿＿＿＿＿、＿＿＿＿＿＿和＿＿＿＿＿＿。

3. 判断题

（1）URL（Uniform Resource Locator，统一资源定位符）主要用于指定取得Dreamweaver场
景文件的保存位置与方式。（　　）

（2）"port"是服务器在该主机所使用的端口号。一般情况下端口号不需要指定，只有当服
务器所使用的端口号不是默认的端口号时才会指定。（　　）

（3）从一个网站的网页链接到另一个网站的网页时，必须使用相对路径，确保当一个网站的
网址发生变化时，被引用的另一个网站的页面不会受到任何影响。（　　）

4. 上机操作题

通过本章的学习，相信对创建链接有了简单的认识和了解。下面根据本章介绍的知识制作一
个带有链接的网站，效果如图3-59所示。

图3-59　创建链接效果

第4章
表格化网页布局

表格在网页布局中起到十分重要的作用。表格用途非常广泛，在制作网页时，除了可以使用表格排列数据和图像外，更多地应用在网页的布局，可将其有序排列，以增加网页的逻辑性。

在Dreamweaver中，表格操作十分简单快捷。本章介绍在网页中如何插入表格、设置属性、以及编辑表格和单元格等操作方法。

学习要点

- 熟悉插入表格的方法
- 熟悉在单元格中添加内容的方法
- 掌握设置表格属性的方法
- 掌握表格的基本操作

4.1　插入表格

　　表格是网页中最常用的排版方式之一，它可以将数据、文本、图片、表单等元素有序地显示在页面上，从而便于阅读信息。通过在网页中插入表格，可以对网页内容进行精确定位。

　　下面介绍在网页中如何插入简单的表格。

01 运行Dreamweaver CS6，在开始页面中，单击"新建"栏下的"HTML"选项，如图4-1所示，新建"HTML"文档。

02 在菜单栏中执行"插入"|"表格"命令，如图4-2所示。

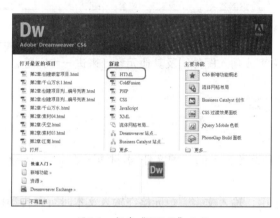

　　图4-1　新建"HTML"文档　　　　　　　　　　图4-2　执行"表格"命令

03 自动弹出"表格"对话框，如图4-3所示。

04 在该对话框中设置表格的行数、列数、表格宽度等基本属性，如图4-4所示。

05 设置完成后，单击"确定"按钮，即可插入表格，如图4-5所示。

　　图4-3　"表格"对话框　　　　图4-4　设置"表格"基本属性　　　　图4-5　插入表格

　　在"表格"对话框中各选项功能说明如下。

- "行数"和"列"：设置插入表格的行数和列数。
- 表格宽度：设置插入表格的宽度。在文本框中设置表格宽度，在文本框右侧下拉列表中选择宽度单位，包括像素和百分比两种。
- 边框粗细：设置插入表格边框的粗细值。使用表格规划网页格式时，通常将"边框粗细"设

置为0，在浏览网页时表格将不会被显示。

- 单元格边距：设置插入表格中单元格边界与单元格内容之间的距离。默认值为1像素。
- 单元格间距：设置插入表格中单元格与单元格之间的距离。默认值为4像素。
- 标题：设置插入表格内标题所在单元格的样式，共有四种样式可选，包括"无"、"左"、"顶部"和"两者"。
- 辅助功能：包括"标题"和"摘要"两个选项。"标题"是指在表格上方居中显示表格外侧标题。"摘要"是指对表格的说明。"摘要"内容不会显示在"设计"视图中，只有在"代码"视图中才可以看到。

> 🔍 **提示**
>
> 在光标所在位置都可插入表格，如果光标位于表格或者文本中，表格也可以插入到光标位置上。

4.2 在单元格中添加内容

表格创建完成后，可以在其中输入文字或插入图片以及其他元素，来进一步完善。

▶ 4.2.1 向表格中输入文本

下面介绍如何在表格中输入文本。

01 运行Dreamweaver CS6，打开随书附带光盘中的"源文件\素材\第4章\输入内容.html"文件，如图4-6所示。

02 将光标放置在需要输入文本的单元格中，输入文字。单元格在输入文本时可以自动扩展，如图4-7所示。

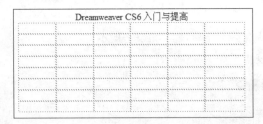
图4-6 打开素材文件

图4-7 输入文本

▶ 4.2.2 嵌套表格

嵌套表格是指在表格中的某个单元格中插入另一个表格。当单个表格不能满足布局需求时，可以创建嵌套表格。如果嵌套表格宽度单位为百分比，将受它所在单元格宽度的限制；如果单位为像素时，当嵌套表格的宽度大于所在单元格的宽度时，单元格宽度将变大。

下面介绍如何嵌套表格。

01 打开随书附带光盘中的"源文件\素材\第4章\嵌套表格.html"文件，如图4-8所示。

| 代码 | 拆分 | 设计 | 实时视图 | 🖳 🐼 💥 🎮 🗒 🖬 C | 标题 | 无标题文档 |

2012年日常费用统计表

图4-8 打开素材文件

02 将光标放置在单元格中的文本右侧，在菜单栏中执行"插入"|"表格"命令，打开"表格"对话框。在表格对话框中设置表格属性，如图4-9所示。

03 单击"确定"按钮，即可插入嵌套表格，效果如图4-10所示。

图4-9　设置表格属性

图4-10　插入嵌套表格

▶ 4.2.3　在单元格中插入图像

　　制作网站时，为了使网站更加美观，可以在单元格中插入相应图像。

　　下面介绍如何在单元格中插入图像。

01 在菜单栏中执行"插入"|"表格"命令，如图4-11所示。

02 在弹出的"表格"对话框中，将"行数"设置为1，"列"设置为"2"，"表格宽度"设置为"100像素"，"边框粗细"设为"1"，如图4-12所示。

03 单击"确定"按钮，即可插入表格，如图4-13所示。

04 将光标放在需要插入图像的单元格中，在菜单栏中执行"插入"|"图像"命令，如图4-14所示。

图4-11　执行"表格"命令

图4-12　"表格"对话框

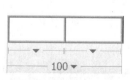

图4-13　插入的表格

图4-14　执行"图像"命令

05 在弹出的"选择图像源文件"对话框中，选择需要插入的图像，并单击"确定"按钮，如图4-15所示。

06 这时便完成了在单元格中插入图像的操作，效果如图4-16所示。

07 使用同样的方法在第二个单元格中插入图像，最终效果如图4-17所示。

图4-15 选择图像　　　　图4-16 插入图像效果　　　　图4-17 最终效果

4.3　设置表格属性

　　创建完表格后，如果对创建的表格不满意，或想使创建的表格更加美观，可以对表格的属性进行设置。

　　下面介绍设置表格属性的方法。

01 在菜单栏中执行"插入"｜"表格"命令，在弹出的"表格"对话框中，将"行数"设置为"5"，"列"设置为"10"，"表格宽度"设置为"300像素"，"边框粗细"设置为"1"，如图4-18所示。

02 单击"确定"按钮，完成表格创建，如图4-19所示。

03 然后选择创建的表格，如图4-20所示。

图4-18 "表格"对话框

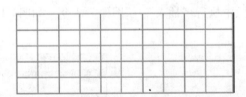

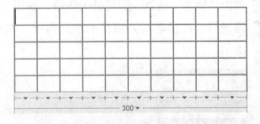

图4-19 创建的表格　　　　　　　图4-20 选择需要修改属性的表格

04 在"属性"面板中将"宽度"设置为"400"，"填充"设置为"3"，"间距"设置为"2"，"对齐"方式设置为"居中对齐"，"边框"设置为"4"，"类"设置为"无"，如图4-21所示。

05 设置表格属性后的效果如图4-22所示。

图4-21 设置表格属性　　　　　　图4-22 设置效果

提示

　　将光标插入单元格中，在"属性"面板中也可以对单元格属性进行设置。

4.4 表格的基本操作

插入表格后，可以对表格进行选定、剪切、复制等基本操作。

4.4.1 选定表格

选择表格时，可以选择整个表格、表格的行和列，也可以选择单个或者多个单元格。

1. 选择整个表格

执行以下操作方式之一，可以完成对表格的选择。

- 将鼠标移动到表格上方，当鼠标显示为 时单击鼠标左键，如图4-23所示。
- 单击表格任意边框线，如图4-24所示。

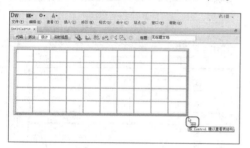

图4-23　选择表格　　　　　　　　　图4-24　选择表格

- 将光标放置在任意单元格中，在菜单栏中执行"修改"|"表格"|"选择表格"命令，如图4-25所示。
- 将光标置于任意单元格中，在文档窗口状态栏的标签选择器中单击"table"标签，如图4-26所示。

图4-25　执行"表格"命令

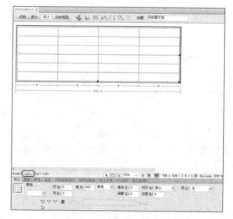

图4-26　单击"table"标签

2. 选择表格行、列

执行以下操作方式之一，可以完成对表格行、列的选择。

- 将鼠标放置在行首或列首，当鼠标指针变成箭头↓或➡时单击左键，即可选定表格的行或列，如图4-27所示。

69

图4-27 选择表格行、列

- 按住鼠标左键，从左至右或从上至下拖动鼠标，即可选择表格的行或列，如图4-28所示。

3. 选择单元格

执行以下操作方式之一，可以完成对单元格的选择。

- 按住Ctrl键，单击鼠标左键选择单元格。可以通过按住Ctrl键对多个单元格进行选择，如图4-29所示。

图4-28 选择表格行、列

图4-29 选择单元格

- 按住鼠标左键并拖动，可以选择单个单元格，也可以选择连续单元格，如图4-30所示。
- 将光标放置在要选择的单元格中，在文档窗口状态栏的标签选择器中单击"td"标签，选择该单元格，如图4-31所示。

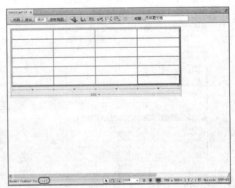

图4-30 选择单元格

图4-31 选择"td"下的单元格

▶ 4.4.2 剪切表格

想要对表格进行移动，可以通过执行"剪切"和"粘贴"命令来完成。剪切表格的具体操作步骤如下所述。

01 选择需要移动的一个或多个单元格，如图4-32所示。

02 在菜单栏中执行"编辑"|"剪切"命令，剪切选定单元格，如图4-33所示。

图4-32　选择需要移动单元格

图4-33　执行"剪切"命令

03 剪切完成后，将光标放置在表格右侧，在菜单栏中执行"编辑"|"粘贴"命令，如图4-34所示。

04 粘贴完成后，表格移动完成，如图4-35所示。

图4-34　执行"粘贴"命令

图4-35　表格移动完成

> **提 示**
>
> 　　剪切多个单元格时，所选的连续单元格必须为矩形。如上例所示，对表格整个行或列进行剪切，则会将整个行或列从原表格中删除，而不仅仅是剪切单元格内容。

▶ 4.4.3　复制表格

　　在表格中，可以复制、粘贴一个单元格或多个单元格且保留单元格的格式。复制表格的具体操作步骤如下所述。

01 选择需要复制的单元格，如图4-36所示。

02 在菜单栏中执行"编辑"|"拷贝"命令，复制选定单元格，如图4-37所示。

图4-36　选择需要复制的单元格

图4-37　复制单元格

03 复制完成后，将光标放置在需要粘贴单元格的位置，或选择需要粘贴的单元格。在菜单栏中执行"编辑"|"粘贴"命令，如图4-38所示。

🔍 **提 示**

> 粘贴多个单元格时，被替换的表格需要与复制的单元格格式相同。
> 粘贴整行或整列表格时，会粘贴在指定单元格的上方或左侧。
> 粘贴多个单元格时，将光标放置在单个单元格中，与被选单元格相邻的单元格（根据所在表格位置）内容可能会被替换。
> 在表格外粘贴单元格，会创建新表格。

04 粘贴完成后，表格复制完成，如图4-39所示。

图4-38　粘贴单元格　　　　　　　　　　　　图4-39　表格复制完成

▶ 4.4.4 添加行或列

要在表格中插入行或列，可执行以下操作之一。

- 将光标放置在单元格中，单击鼠标右键，从弹出的快捷菜单中执行"表格"|"插入行"或"插入列"命令。在插入点上方或左侧会插入行或列，如图4-40所示。
- 将光标放置在单元格中，在菜单栏中执行"修改"|"表格"|"插入行"或"插入列"命令。在插入点上方或左侧会插入行或列，如图4-41所示。

图4-40　执行"插入行"或"插入列"命令　　　图4-41　插入行或列

- 将光标放置在单元格中，在菜单栏中执行"修改"|"表格"|"插入行或列"命令，弹出"插入行或列"对话框。在对话框中可以选择插入"行"或"列"，设置添加行数或列数以及插入位置，如图4-42所示。
- 单击列标题菜单，根据需要在弹出的快捷菜单中执行"左侧插入列"或"右侧插入列"命令，如图4-43所示。

🔍 **提 示**

> 将光标放置在表格最后一个单元格中，按TAB键会自动在表格中添加一行。

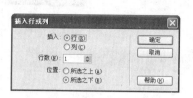

图4-42 "插入行或列"对话框

图4-43 列标题菜单

4.4.5 删除行或列

要在表格中删除行或列，可执行以下操作之一。

- 将光标放置在要删除的行或列中的任意单元格中，单击鼠标右键，在弹出的快捷菜单中执行 "表格"|"删除行"或"删除列"命令，如图4-44所示。
- 将光标放置在要删除的行或列中的任意单元格中，在菜单栏中执行"修改"|"表格"|"删除行"或"删除列"命令，如图4-45所示。

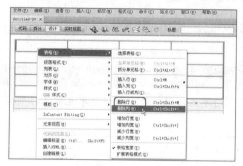

图4-44 执行"删除行"或"删除列"命令

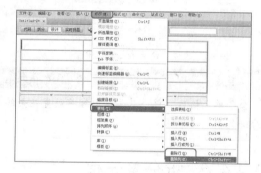

图4-45 删除行或列

- 选择要删除的行或列，按Delete键可以直接删除。

> **提 示**
>
> 使用Delete键删除行或列时，可以删除多行或多列，但不能删除所有行或列。

4.4.6 合并单元格

合并单元格时，所选择的单元格区域必须为连续的矩形，否则无法合并。合并单元格的具体操作步骤如下所述。

01 在文档窗口中，选择需要合并的单元格，如图4-46所示。

02 执行以下操作之一，可以完成单元格的合并。

- 在所选单元格中单击鼠标右键，在弹出的快捷菜单中执行"表格"|"合并单元格"命令，如图4-47所示。
- 在菜单栏中执行"修改"|"表格"|"合并单元格"命令，如图4-48所示。
- 在"属性"面板中单击"合并所选单元格，使用跨度"按钮，合并单元格，如图4-49所示。

图4-46　选择单元格

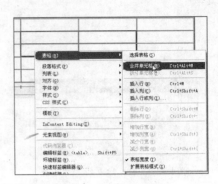

图4-47　执行相应命令

图4-48　执行"合并单元格"命令

图4-49　单击按钮

🔍 **提示**

合并单元格后，单个单元格内容将放置在最终合并的单元格中。所选第一个单元格属性将应用于合并的单元格中。

▶ 4.4.7　拆分单元格

拆分单元格时，可以将单元格拆分为行或列，其具体操作步骤如下所述。

01 将光标放置在需要拆分的单元格中，如图4-50所示。

02 执行以下操作之一，可以完成单元格的拆分。

- 在选中单元格中单击鼠标右键，在弹出的快捷菜单中执行"表格"|"拆分单元格"命令，如图4-51所示。

图4-50　选择需要拆分的单元格

图4-51　执行"拆分单元格"命令

- 在菜单栏中执行"修改"|"表格"|"拆分单元格"命令，如图4-52所示。
- 在"属性"面板中单击"拆分单元格为行或列"按钮，如图4-53所示。

图4-52　拆分单元格

图4-53　单击"拆分单元格为行或列"按钮

03 打开"拆分单元格"对话框，在对话框中选择把单元格拆分为行或列以及拆分成行或列的数目，如图4-54所示。

04 单击"确定"按钮，拆分单元格，如图4-55所示。

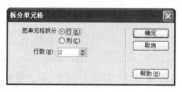

图4-54　"拆分单元格"对话框

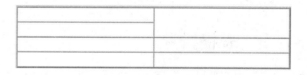

图4-55　拆分单元格

4.4.8　调整表格大小

表格创建完成后，可以根据需要调整表格或表格的行、列的宽度和高度。当调整整个表格的大小时，表格中的所有单元格则按比例更改大小。如果表格的单元格指定了明确的宽度或高度，则调整表格大小将更改"文档"窗口中单元格的可视大小，但不更改这些单元格的指定宽度和高度。

调整表格大小的具体操作步骤如下所述。

1.调整整个表格大小

- 选择表格，拖动表格右侧、底部或右下的选择柄对表格的宽度和高度进行调整，如图4-56所示。
- 在"属性"面板中的"宽"文本框中输入数值，调整表格宽度，如图4-57所示。

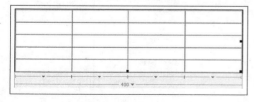

图4-56　表格选择柄

图4-57　"属性"面板调整

2.调整行高或列宽

- 拖动需要调整行的下边框，对行高进行调整，如图4-58所示。

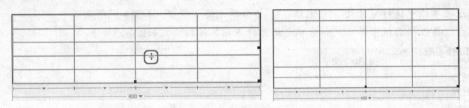

图4-58 拖动行的下边框

● 拖动需要调整列的右边框，对列宽进行调整，如图4-59所示。

图4-59 拖动列的右边框

🔍 **提 示**

　　直接拖动边框调整列宽时，相邻列的宽度就更改了，表格宽度不会跟随改变。拖动边框时按住Shift键，保持其他列宽不变，表格宽度会随改变列宽进行更改。

▶ 4.4.9 表格排序

　　表格排序功能主要针对具有格式数据的表格，是根据表格列表中的内容来排序的，具体操作步骤如下所述。

📑 实例：创建表格排序

源 文 件：	源文件\场景\第4章\创建表格排序.html
视频文件：	视频\第4章\4.4.9.avi

01 打开Dreamweaver CS6，在开始页面中，单击"新建"栏下的"HTML"选项，如图4-60所示，新建"HTML"文档。

02 在菜单栏中执行"插入"|"表格"命令，如图4-61所示。

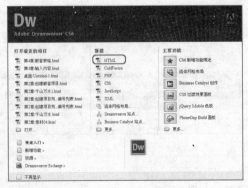

图4-60 新建"HTML"文档

图4-61 执行"表格"命令

03 打开 "表格" 对话框，在 "表格" 对话框中设置表格的基本属性，行数、列数、表格宽度等，如图4-62所示。

04 单击 "确定" 按钮，插入表格后的效果如图4-63所示。

05 然后在插入的表格中输入文字，如图4-64所示。

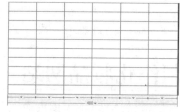

姓名	数学	语文	英语	总分	平均分
卢雪	100	95	93	288	96.0
李建	90	81.5	98	269.5	89.8
王莹	83.5	97	90	270.5	90.2
刘勇	75	91	91	257	85.7
贾峰	95	97	81	273	91.0
张天翔	99.9	89	98	286.9	95.6
佘金平	98	100	92	290	96.7
蔡萍萍	75	83.5	81	239.5	79.8
何磊	96	91	80	267	89.0

图4-62 "表格" 对话框　　　　图4-63 插入表格效果　　　　图4-64 输入文字

06 选择表格，或将光标放置在任意单元格中。在菜单栏中执行 "命令" | "排序表格" 命令，如图4-65所示。

07 系统将自动弹出 "排序表格" 对话框，在该对话框中进行设置，如图4-66所示。

08 设置完成后，单击 "确定" 按钮，即可完成表格排序，效果如图4-67所示。

姓名	数学	语文	英语	总分	平均分
卢雪	100	95	93	288	96.0
张天翔	99.9	89	98	286.9	95.6
佘金平	98	100	92	290	96.7
何磊	96	91	80	267	89.0
贾峰	95	97	81	273	91.0
李建	90	81.5	98	269.5	89.8
王莹	83.5	97	90	270.5	90.2
刘勇	75	91	91	257	85.7
蔡萍萍	75	83.5	81	239.5	79.8

图4-65 执行 "排序表格" 命令　　图4-66 设置 "排序表格" 对话框　　图4-67 表格排序效果

在 "排序表格" 对话框中可以对以下选项进行设置。

- 排序按：确定根据哪个列的值对表格进行排序。
- 顺序：可以选择 "按字幕顺序" 和 "按数字顺序" 两种排序方式，以及是以 "升序" 还是 "降序" 进行排列。
- 再按：确定将在另一列上应用的第几种的排序方法。
- 顺序：选择第二种排序方法的排序顺序。
- 排序包含第一行：指定将表格的第一行包括在排序中。如果第一行不移动，则不需选中此复选框。
- 排序标题行：指定使用与主体行相同的条件对表格的 thead 部分中的所有行进行排序。
- 排序脚注行：指定按照与主体行相同的条件对表格的 tfoot 部分中的所有行进行排序。
- 完成排序后所有行颜色保持不变：指定排序后表格行属性应该与同一内容保持关联。

09 对该文件进行保存，按F12键预览效果，效果如图4-68所示。名称设置为 "创建排序列表"。

图4-68　预览效果

4.5　拓展练习——制作化妆品网站

源　文　件：	源文件\场景\第4章\制作化妆品网站.html
视频文件：	视频\第4章\4.5.avi

下面通过创建一个化妆品网站来综合介绍一下网格的创建，完成后的效果如图4-69所示。

01 启动Dreamweaver CS6软件，在菜单栏中执行"文件"|"新建"命令，在打开的"新建文档"对话框中保持默认设置，如图4-70所示。单击"创建"按钮即可。

02 创建一个空白的HTML页面，在菜单栏中执行"插入"|"表格"命令，如图4-71所示。

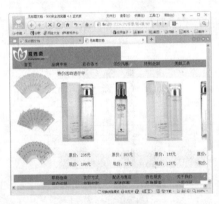

图4-69　效果图

图4-70　"新建文档"对话框

图4-71　执行"表格"命令

03 打开"表格"对话框，在"表格大小"选项组中将"行数"、"列"均设置为"1"，将"表格宽度"设置为"90百分比"，将"边框粗细"设置为"0像素"，将"单元格边距"和"单元格间距"均设置为"0"，如图4-72所示。

04 设置完成后，单击"确定"按钮，即可在页面中插入一个一行一列的表格，如图4-73所示。

图4-72　"表格"对话框

图4-73　插入的表格

05 将光标置于插入的表格中，再次插入一个一行一列，"表格宽度"为50百分比的表格，如图4-74所示。

06 将光标置入新插入的表格的右侧，按回车键，再次打开"表格"对话框，将"行数"设置为"1"，"列"设置为"7"，将"表格宽度"设置为"100百分比"，其他参数均为默认，如图4-75所示。

图4-74　插入一个新的表格

图4-75　设置表格属性

07 设置完成后单击"确定"按钮，即可在页面中插入一个新的表格，如图4-76所示。

08 将光标置于新插入的表格的下方，再次插入一个一行两列的表格，将光标置于右侧的表格中，在"属性"面板中将"宽"设置为"23%"，如图4-77所示。

图4-76　插入新的表格

图4-77　设置表格宽度

09 将光标置于右侧的表格中，在此插入一个四行五列的表格，如图4-78所示。

10 按住Ctrl键的同时点选新插入表格的最上层的四个单元格，然后单击"属性"面板中的"合并所有单元格，使用跨度"按钮回，合并后的效果如图4-79所示。

图4-78　插入新的表格

图4-79　合并单元格

⑪ 将光标置入合并后的单元格内,在"属性"面板中将"高"设置为"40",然后使用同样的方法选择第二行的单元格,在"属性"面板中将"宽"设置为"175",将"高"设置为"246",如图4-80所示。

⑫ 使用同样的方法,将下方三行单元格的高度设置为"36",将光标置于左侧的单元格中,再次插入一个三行一列的表格,并将其表格的"高度"设置为"131",如图4-81所示。

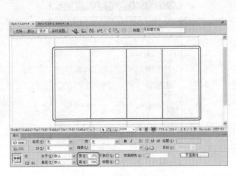

图4-80 设置表格属性

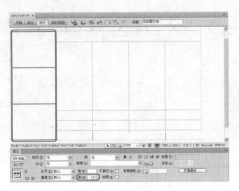

图4-81 插入表格及设置表格属性

⑬ 将光标置于表格的最下方,在此插入一个一行一列的表格。

⑭ 使用同样的方法,在新插入的表格的下方再次插入一个5行7列的表格,如图4-82所示。

⑮ 按住Ctrl键的同时选择如图4-83所示的单元格,在"属性"面板中单击"合并所选单元格,使用跨度"按钮。

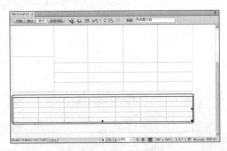

图4-82 插入的表格

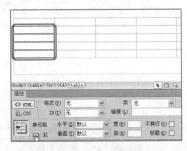

图4-83 选择表格

⑯ 使用同样的方法,将右侧的表格合并,然后选择没有合并的单元格,将其"高"设置为"30",如图4-84所示。

⑰ 将光标置于单元格的最下方,在此插入一个一行一列的单元格,并将其"高"设置为"30",如图4-85所示。

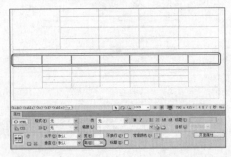

图4-84 设置单元格的"高"

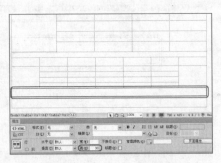

图4-85 设置单元格的属性

18 选择最上方的表格，在"属性"面板中将"背景颜色" □ 的值设置为"#FF6699"，如图4-86所示。

19 确认光标处于表格内的状态下，按Ctrl+Alt+I组合键，在弹出的对话框中选择随书附带光盘中的"源文件\素材\第4章\logo.png"文件，如图4-87所示。

图4-86 设置单元格的背景颜色

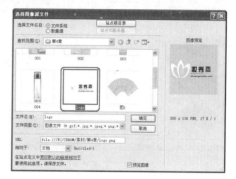

图4-87 选择logo.png文件

20 单击"确定"按钮，即可将选择的logo.png文件插入到文档中，如图4-88所示。

21 选择第二行的表格，将其高度设置为"30"，"水平"设置为"居中对齐"，并将其"背景颜色" □ 设置为"#FF6699"，如图4-89所示。

图4-88 插入的图像

图4-89 设置表格属性

22 设置完成后在单元格中输入文本内容，然后将其全部选中，在"属性"面板中将"宽"设置为"15"，如图4-90所示。

23 选择下方左侧的表格，在"属性"面板中将"水平"设置为"居中对齐"，如图4-91所示。

图4-90 设置表格属性

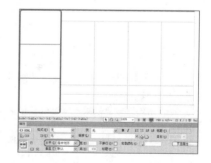

图4-91 设置表格属性

24 使用同样的方法，在该单元格中分别插入"图1.jpg"、"图2.jpg"、"图3.jpg"文件，完成后的效果如图4-92所示。

25 选择右侧上方的表格，在"属性"面板中将"背景颜色" □ 设置为"#FFFFCC"，然后输入

文本，如图4-93所示。

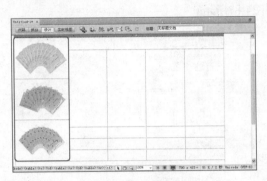

图4-92　完成后的效果

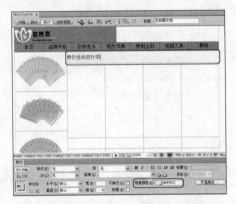

图4-93　设置单元格属性及输入文本

🔢 然后将光标置于下方左侧的单元格中，按Ctrl+Alt+I组合键，在弹出的快捷菜单中选择"001.jpg"文件，如图4-94所示。

🔢 单击"确定"按钮即可将选择的001.jpg文件插入到文档窗口中，如图4-95所示。

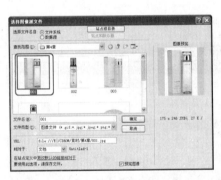

图4-94　选择001.jpg文件

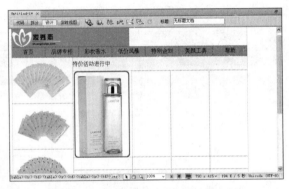

图4-95　插入的图像

🔢 使用同样的方法，在其他单元格中插入图像，完成后的效果如图4-96所示。

🔢 选择下方的两行单元格，将其"背景颜色"□设置为"#FFFFCC"，"水平"设置为"居中对齐"，如图4-97所示。

图4-96　完成后的效果

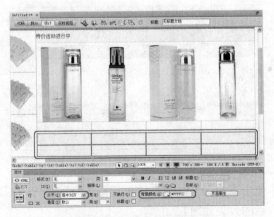

图4-97　设置单元格属性

30 在单元格中单击并输入内容，完成后的效果如图4-98所示。

31 将其他表格的背景色设置为"#999999"，然后输入内容，设计师可根据自己的设计理念来完成此项，完成后的效果如图4-99所示。

图4-98　输入文字　　　　　　　　　　　　　图4-99　完成后的效果

32 将光标置于下面的表格中，将其"背景颜色" 设置为"#FF6699"，将"水平"设置为"居中对齐"，然后在该单元格中输入文本内容，如图4-100所示。至此，化妆品网站制作完成，保存场景即可。

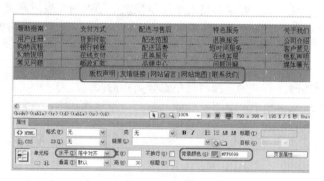

图4-100　完成后的效果

4.6　本章小结

本章主要介绍了插入表格、在单元格中添加内容、设置表格属性、选择、复制和调整表格等方法。

- 在菜单栏中执行"插入"|"表格"命令，弹出"表格"对话框，在该对话框中进行设置，然后单击"确定"按钮，即可插入表格。
- 嵌套表格是指在表格中的某个单元格中插入另一个表格。当单个表格不能满足布局需求时，可以创建嵌套表格。将光标放置在单元格中，在菜单栏中执行"插入"|"表格"命令，打开"表格"对话框，在该对话框中设置表格属性，单击"确定"按钮，即可插入嵌套表格。
- 将光标放置在单元格中，单击鼠标右键，在弹出的快捷菜单中执行"表格"|"插入行"或"插入列"命令，或者在菜单栏中执行"修改"|"表格"|"插入行"或"插入列"命令，即可在插入点上方或左侧会插入行或列。
- 选择表格，或将光标放置在任意单元格中。在菜单栏中执行"命令"|"排序表格"命令，系统将自动弹出"排序表格"对话框，在该对话框中进行设置，设置完成后，单击"确定"按钮，即可完成表格排序。

4.7 课后习题

1. 选择题

（1）在Dreamweaver中，可以通过按住（　　）键对多个单元格进行选择。

A. Enter　　　　　　B. Alt　　　　　　C. Ctrl　　　　　　D. Shift+Ctrl

（2）将光标置于任意单元格中，在文档窗口状态栏的标签选择器中单击（　　）标签可以选择整个表格。

A. table　　　　　　B. tr　　　　　　C. td　　　　　　D. ta

2. 填空题

（1）表格是网页中最常用的排版方式之一，它可以将_____、_____、_____、_____等元素有序地显示在页面上，从而便于阅读信息。

（2）插入表格后，可以对表格进行_____、_____、_____等基本操作。

（3）表格创建完成后，可以根据需要调整表格的_____。当调整整个表格的大小时，表格中的所有单元格按比例更改大小。如果表格的单元格指定了明确的宽度或高度，则调整表格大小将更改_____窗口中单元格的可视大小，但不更改这些单元格的指定宽度和高度。

3. 判断题

（1）切多个单元格时，所选的连续单元格必须为矩形。（　　）

（2）嵌套表格是指将表格中的某个单元格与另外一个单元格进行合并。（　　）

（3）在表格外粘贴单元格，会创建新表格。（　　）

4. 上机操作题

根据本章介绍的内容利用表格美化网页，效果如图4-101所示。

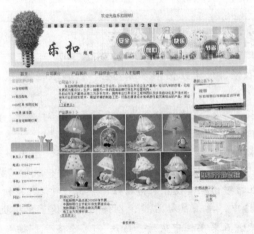

图4-101　利用表格美化网页

第 **5** 章
使用AP Div布局页面

在Dreamweaver中，AP Div是一种页面元素，可以定位于网页上的任何位置。通过在网页上创建并定位AP Div，可以使页面布局更加整齐、美观，AP Div也是制作重叠网页内容的有效方法。本章就来介绍创建AP Div的方法，以及设置AP Div的属性和一些常用的基本操作。

学习要点

- 熟悉AP Div的创建与编辑
- 掌握设置AP Div属性的方法
- 掌握AP Div的基本操作方法
- 掌握AP Div参数设置和嵌套AP Div的方法
- 掌握使用AP Div排版的方法

5.1 AP Div的概念

AP 元素是分配有绝对位置的HTML页面元素，即Div标签或其他任何标签。AP Div中可以包含文本、图像、表单、对象插件及其他任何可以在文档中插入的内容。

AP Div最主要的特性就是美化网页，它可以在网页内容之上或之下浮动。也就是说，可以在页面上随意改变AP Div的位置，以实现对AP Div的精确定位。一般为了使内容可以精确定位，应先将内容放置在AP Div中，然后在页面中对AP Div的位置进行精确定位。

AP Div还有一些重要的特性，例如，AP Div可以重叠，在网页中实现文档内容重叠的效果；AP Div可以显示或隐藏，通过利用程序，在网页中控制AP Div的显示或隐藏，实现AP Div内容的动态交替显示及一些特殊的显示效果。通过将AP Div与时间轴的完美结合，可以轻松地创建出极具动态效果的动画页面，形成具有专业风格的动态HTML网页。

5.2 "AP元素"面板

在Dreamweaver中，有一个与AP Div相关的面板——"AP元素"面板。在"AP元素"面板中，可以方便地对所创建的AP Div进行各种操作。

在菜单栏中执行"窗口"|"AP元素"命令，如图5-1所示，即可打开"AP元素"面板。"AP元素"面板分为三部分，左侧为"眼睛"标记，单击后，可以更改所有AP Div的可见性；中间显示的是AP Div的名称；右侧为AP Div在Z轴的排列顺序，如图5-2所示。

图5-1 执行"AP元素"命令

图5-2 "AP元素"面板

> **提示**
>
> 在"AP元素"面板中，AP Div是以堆叠的形式出现的，也就是说，最初建立的AP Div位于列表的最下方，而新建立的AP Div位于列表的最上方。

5.3 AP Div的创建与编辑

下面先介绍创建AP Div的方法，创建完成后，再向创建的AP Div中添加内容。

5.3.1 创建AP Div

创建AP元素的方法很简单，执行菜单栏中的命令或者在"插入"面板中都可以实现。

- 将光标放置在需要插入AP Div的位置，然后在菜单栏中执行"插入"|"布局对象"|"AP

Div"命令,即可创建一个AP Div,如图5-3所示。

> 🔍 **提示**
>
> 执行"AP Div"命令创建的AP Div,其大小、显示方式、背景颜色和背景图片等属性均是默认的,要想更改其默认的属性,可在"首选参数"对话框中进行设置。

- 在"布局"插入面板中单击"绘制AP Div"按钮🔳,在文档窗口中单击鼠标左键并拖动至合适大小后释放,即可绘制一个AP Div,如图5-4所示。

> 🔍 **提示**
>
> 要绘制多个AP Div,可以在按住Ctrl键的同时进行绘制。

- 在"布局"插入面板中拖曳"绘制AP Div"按钮🔳至文档窗口中,即可创建一个AP Div,如图5-5所示。

图5-3 执行"AP Div"命令

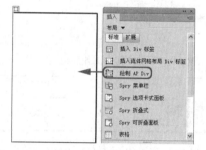

图5-4 绘制AP Div

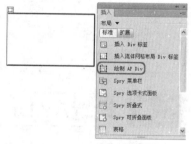

图5-5 通过拖曳按钮绘制AP Div

▶ 5.3.2 在AP Div中添加内容

在创建完一个AP Div后,为了丰富AP Div,还可以在AP Div中添加图像、文本或表单等。

下面介绍向AP Div中插入图像的方法,具体操作步骤如下所述。

01 将光标放置在创建好的AP Div中,然后在菜单栏中执行"插入"|"图像"命令,如图5-6所示。

02 弹出"选择图像源文件"对话框,在该对话框中选择随书附带光盘中的"源文件\素材\第5章\狗狗.jpg"文件,如图5-7所示。

03 然后单击"确定"按钮,即可在AP Div中插入素材图像,如图5-8所示。

图5-6 执行"图像"命令

图5-7 "选择图像源文件"对话框

图5-8 插入的素材图像

🔍 **提示**

选择创建的AP Div，然后单击"属性"面板中"背景图像"右侧的"浏览文件"按钮🗀，如图5-9所示。在弹出的对话框中选择图像素材，单击"确定"按钮，也可插入图像素材。

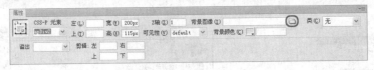

图5-9 单击"浏览文件"按钮

5.4 设置AP Div属性

创建完AP Div后，还可以在"属性"面板中对AP Div的属性进行设置。

▶ 5.4.1 设置单个AP Div的属性

在文档窗口中单击创建的AP Div的边框线即可选择该AP Div，此时，会在"属性"面板中显示出当前AP Div的属性，如图5-10所示。

图5-10 单个AP Div的"属性"面板

"属性"面板中各选项参数的功能说明如下。

- CSS-P元素：在此文本框中输入一个新的名称，用于标识选中的AP Div。AP Div名称只能包含字母和数字，并且只能以字母开头。
- 左：用于设置AP Div的左边界与浏览器窗口左边界的距离。
- 上：用于设置AP Div的右边界与浏览器窗口右边界的距离。
- 宽：设置AP Div的宽度，在改变数值时必须加后缀，即px。
- 高：设置AP Div的高度，在改变数值时必须加后缀，即px。
- Z轴：设置AP Div在垂直方向上的索引值，主要用于设置AP Div的堆叠顺序，值大的AP Div位于上方。值可以为正也可以为负，还可以为0。

- "可见性"下拉列表：用于设置AP Div在浏览器上的显示状态，包括"default"、"inherit"、"visible"和"hidden"4个选项。
  - default（默认）：此选项不指定AP Div的可见性，但是大多数情况下，此选项会继承父级AP Div的可见性属性。
  - inherit（继承）：选择该选项，会继承父级AP Div的可见性属性。
  - visible（可见）：选择该选项，会显示AP Div及其中的内容。
  - hidden（隐藏）：选择该选项，会隐藏AP Div及其中的内容。
- 背景图像：指定AP Div的背景图像。单击文本框右侧的"浏览文件"按钮 ，在弹出的"选择图像源文件"对话框中浏览并选择图像文件，或者在文本框中直接输入图像文件的路径。
- "类"下拉列表：可以在下拉列表中选择要添加的样式。
- 背景颜色：为AP Div指定背景颜色，单击色块，在弹出的颜色选择器中选择一种颜色，还可以在右侧的文本框中输入颜色的十六进制数值。
- "溢出"下拉列表：用于设置当AP Div中内容超过AP Div大小时，在浏览器中如何显示AP Div。包括"visible"、"hidden"、"scroll"和"auto"4个选项。
  - visible（可见）：选择该选项，AP Div大小会自动符合AP Div内容的大小，便于所有的AP Div内容都能在浏览器中显示出来。
  - hidden（隐藏）：选择该选项，当AP Div内容超出原AP Div的大小时，AP Div大小保持不变，多余的AP Div内容在浏览器显示时将被裁掉，不显示出来。
  - scroll（滚动）：选择该选项，不管AP Div内容是否超出AP Div的大小，在浏览器中AP Div的右侧和下方都会显示滚动条。
  - auto（自动）：选择该选项，会自动控制AP Div。当AP Div内容超过AP Div大小时，在AP Div的右侧或者下方会出现滚动条，如果AP Div内容没有超过AP Div大小时，便不会为AP Div添加滚动条。
- 剪辑：用于设置AP Div可见区域的大小。在"左"、"右"、"上"和"下"文本框中，可以指定AP Div的可见区域的左、右、上、下端相对于AP Div左、右、上、下端的距离。剪辑后，只有指定的矩形区域才是可见的。

5.4.2　设置多个AP Div的属性

在单击选择AP Div的同时按住Shift键，可以选择多个AP Div，此时，会在"属性"面板中显示出多个AP Div的属性，如图5-11所示。

图5-11　多个AP Div的"属性"面板

其"属性"面板中的各参数与单个AP Div"属性"面板中的参数相似，可参照单个AP Div的"属性"参数进行设置，此处不再赘述。

5.4.3　改变AP Div的可见性

AP Div的可见性不仅可以在AP Div"属性"面板中进行修改，还可以在"AP元素"面板中进行修改。在"AP元素"面板中，单击需要修改可见性的AP Div左侧 图标列，设置其可见或不可见。

- 默认情况下 👁 图标不显示，该AP Div继承父级AP Div可见性，如图5-12所示。
- 睁开的 👁 图标表示AP Div可见，如图5-13所示。
- 闭上的 👁 图标表示AP Div不可见，如图5-14所示。

图5-12　默认显示

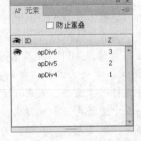

图5-13　可见显示

图5-14　不可见显示

> 🔍 **提 示**
>
> 要一次更改多个AP Div的可见性，可单击眼睛列表顶端的眼睛图标 👁。

5.5　AP Div的基本操作

AP Div创建完成之后，可以根据网页布局的需要，对AP Div进行选择、调整大小、移动、对齐等操作。

▶ 5.5.1　选择AP Div

在对AP Div进行调整大小、移动、对齐等操作之前，首先要选择AP Div，可以选择一个或同时选择多个AP Div。

- 在文档窗口中单击AP Div的边框线，即可选择单个AP Div，如图5-15所示。
- 在文档窗口中单击AP Div的选择柄，即可选择单个AP Div，如图5-16所示。如果选择柄不可见，则可将光标放置在该AP Div中单击，即可显示选择柄。

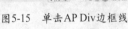

图5-15　单击AP Div边框线

图5-16　单击AP Div选择柄

- 在文档窗口中按住Shift键的同时单击需要选中的AP Div，即可选中多个AP Div，如图5-17所示。
- 在"AP元素"面板中，通过单击AP Div名称进行选择。在按住Shift键的同时单击AP Div的名称，可以同时选择多个AP Div，如图5-18所示。

图5-17　在文档窗口中直接选择

图5-18　在"AP元素"面板中选择AP Div

提 示

当选择多个AP Div时,最后选中的AP Div的手柄以实心框突出显示,其他AP Div的手柄以空心框突出显示。

5.5.2　更改AP Div的名称

在默认情况下,每个创建的AP Div都会有一个属于自己的默认名称,可以根据需要,更改AP Div的名称。

在"AP 元素"面板中双击需要重新命名的AP Div的名称,此时,该名称处于可编辑状态,如图5-19所示。然后在文本框中输入新的名称,并按Enter键确认,如图5-20所示。

图5-19　双击AP Div名称

图5-20　输入新名称

5.5.3　调整AP Div的大小

插入AP Div后,在操作过程中常常会根据需要对AP Div的大小进行调整,其具体操作步骤如下所述。

01 选择需要调整大小的AP Div,如图5-21所示。

02 将鼠标指针移动到AP Div的左侧或右侧边框线上的控制点上,当鼠标指针变成←→样式时,按住鼠标左键向左或向右拖动,即可调整AP Div的宽度,如图5-22所示。

图5-21　选择AP Div

图5-22　调整AP Div宽度

03 将鼠标指针移动到AP Div的上方或下方边框线上的控制点上，当鼠标指针变成 ⇕ 样式时，按住鼠标左键向上或向下拖动，即可调整AP Div的高度，如图5-23所示。

04 将鼠标指针移动到AP Div的4个角上的任意一个控制点上，当鼠标指针变成 ↖ 样式或 ↗ 样式时，按住鼠标左键并拖动，即可同时调整AP Div的宽度和高度，如图5-24所示。

图5-23　调整AP Div高度

图5-24　同时调整AP Div的宽度和高度

> **提　示**
>
> 　调整AP Div时，还可以在文档窗口中选择控制点，按住Ctrl键的同时，使用键盘上的方向键调整其大小，每按一次方向键，AP Div大小将调整一个像素，便于精确定位。

实例：调整多个AP Div

源　文　件：	源文件\场景\第5章\调整多个AP Div.html
视频文件：	视频\第5章\5.5.3.avi

在Dreamweaver中，也可以同时调整多个AP Div的大小，具体操作步骤如下所述。

01 按Ctrl+O组合键，在弹出的对话框中选择随书附带光盘中的"源文件\素材\第5章\旅游网.html"文件，如图5-25所示。

02 单击"打开"按钮，即可打开选择的素材文件，然后在文档窗口中选择多个需要调整的AP Div，如图5-26所示。

03 在菜单栏中执行"修改"|"排列顺序"|"设成宽度相同"命令，如图5-27所示。

04 即可将选择的多个AP Div的宽度设置为与最后选择的AP Div的宽度相同，效果如图5-28所示。

图5-25 选择素材文件

图5-26 选择多个AP Div

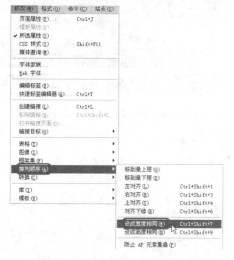

图5-27 执行"设成宽度相同"命令

图5-28 设成相同宽度

05 在菜单栏中执行"修改"|"排列顺序"|"设成高度相同"命令，如图5-29所示。

06 即可将选择的多个AP Div的高度设置为与最后选择的AP Div的高度相同，效果如图5-30所示。

图5-29 执行"设成高度相同"命令

图5-30 设成相同高度

提 示

在文档窗口中选择多个AP Div后，在“属性”面板中的“宽”或“高”文本框中输入数值，也可以为多个AP Div设置相同的宽或高。

5.5.4 移动AP Div

在文档窗口中，可以根据网页布局需要移动单个或者多个AP Div，移动方法如下所述。

- 选择需要移动的AP Div，将鼠标指针移动到AP Div的边框线上，当鼠标指针变成✥样式时，按住鼠标左键并拖动即可移动AP Div的位置，如图5-31所示。
- 选择需要移动的AP Div，然后单击并拖动AP Div的选择柄，即可移动其位置，如图5-32所示。也可以一次性选中多个AP Div，拖动最后选中的AP Div的拖动柄即可移动AP Div。
- 选中需要移动的AP Div，使用键盘上的方向键进行移动，每按一次方向键移动1个像素，按住Shift键的同时按方向键进行移动，一次移动10个像素。
- 选中需要移动的AP Div，在AP Div“属性”面板中的“左”、“上”文本框中输入想要移动的数值，也可移动AP Div，如图5-33所示。

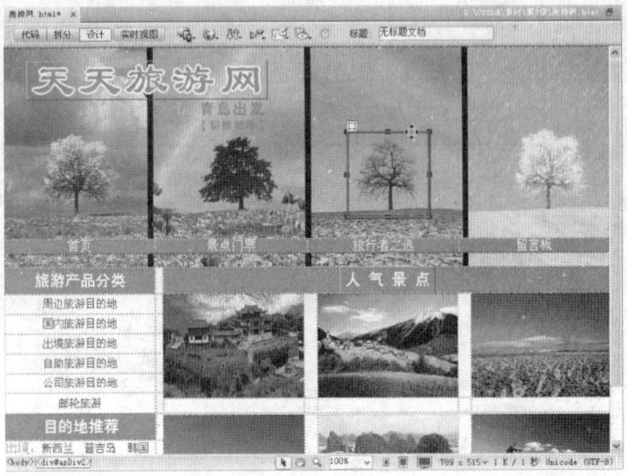

图5-31 拖动AP Div边框线

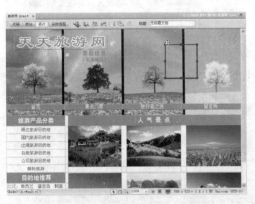

图5-32 拖动AP Div选择柄

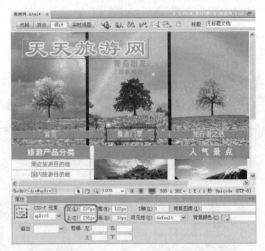

图5-33 使用“属性”面板移动AP Div位置

5.5.5 对齐多个AP Div

下面介绍对齐多个AP Div的方法，具体操作步骤如下所述。

01 在文档窗口中选择需要对齐的AP Div，如图5-34所示。

02 在菜单栏中执行“修改”|“排列顺序”命令，然后在弹出的子菜单中执行相应的命令，如图5-35所示。

图5-34　选择多个AP Div　　　　　　　　图5-35　"排列顺序"子菜单

- 左对齐：以最后选择的AP Div的左边框为标准，对齐排列，如图5-36所示。
- 右对齐：以最后选择的AP Div的右边框为标准，对齐排列，如图5-37所示。

图5-36　左对齐　　　　　　　　　　　　图5-37　右对齐

- 上对齐：以最后选择的AP Div的上边框为标准，对齐排列，如图5-38所示。
- 对齐下缘：以最后选择的AP Div的下边框为标准，对齐排列，如图5-39所示。

图5-38　上对齐　　　　　　　　　　　　图5-39　对齐下缘

▶ 5.5.6　AP Div靠齐到网格

在文档窗口中可以通过显示网格，并设置AP Div靠齐到网格，使页面的布局更加精细。

- 在菜单栏中执行"查看"|"网格设置"|"显示网格"命令,如图5-40所示。即可在文档窗口中显示网格,如图5-41所示。

图5-40 执行"显示网格"命令

图5-41 显示网格

- 在菜单栏中执行"查看"|"网格设置"|"靠齐到网格"命令,如图5-42所示。当在文档窗口中拖动AP Div,且当AP Div边框靠近网格线时,AP Div会自动靠齐到网格线位置上。
- 在菜单栏中执行"查看"|"网格设置"|"网格设置"命令,如图5-43所示。弹出"网格设置"对话框,在该对话框中可以对网格的颜色、间隔、显示等参数进行设置,如图5-44所示。

图5-42 执行"靠齐到网格"命令 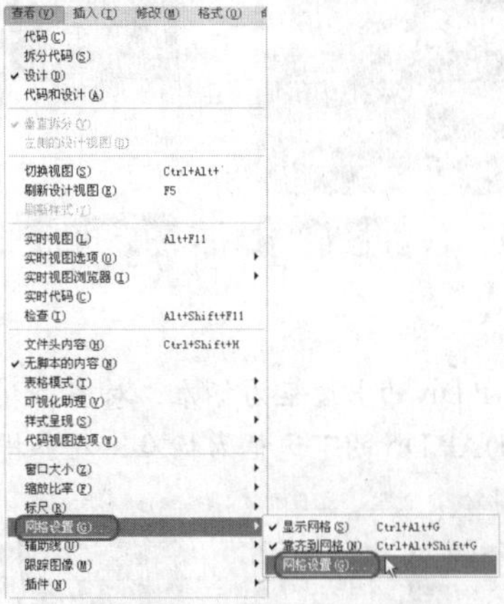　　图5-43 执行"网格设置"命令　　图5-44 "网格设置"对话框

▶ 5.5.7　删除AP Div

在制作网页的过程中,可以将一些不需要的AP Div删除,删除方法如下所述。

- 在文档窗口中选择不需要的AP Div,并单击鼠标右键,在弹出的快捷菜单中执行"删除标签"命令,即可将选择的AP Div删除,如图5-45所示。
- 在文档窗口中选择不需要的AP Div,按Delete键,也可以将不需要的AP Div删除。
- 在"AP元素"面板中选中需要删除的AP Div的名称,按Delete键,即可将不需要的AP Div删除。

图5-45 执行"删除标签"命令

5.6　AP Div参数设置和嵌套AP Div

下面介绍设置AP Div参数和创建嵌套AP Div的方法。

5.6.1　设置AP Div参数

前面介绍过执行"插入"｜"布局对象"｜"AP Div"菜单命令创建AP Div，其大小、显示方式、背景颜色和背景图片等属性均是默认的，要想更改其默认的属性，可在"首选参数"对话框中进行设置。下面就详细介绍AP Div的参数设置方法。

01 在菜单栏中执行"编辑"｜"首选参数"命令，如图5-46所示。

02 弹出"首选参数"对话框，在对话框左侧的"分类"列表中选择"AP元素"选项，如图5-47所示。

图5-46　执行"首选参数"命令　　　　　　　　　图5-47　"首选参数"对话框

03 在右侧的设置区域中各参数功能介绍如下。

- "显示"下拉列表：可以设置AP Div的可见性，共包括"default"、"inherit"、"visible"和"hidden"4个选项。
  - default（默认）：此选项不指定AP Div的可见性，但是大多数情况下，此选项会继承父级AP Div的可见性属性。
  - inherit（继承）：继承父级AP Div的可见性属性。
  - visible（可见）：显示AP Div及其中的内容。
  - hidden（隐藏）：隐藏AP Div及其中的内容。
- 宽：设置AP Div默认的宽度。
- 高：设置AP Div默认的高度。
- 背景颜色：设置AP Div默认的背景颜色。
- 背景图像：设置默认的AP Div的背景图像。
- 嵌套：选中该复选框后，使在AP Div内以绘制方法创建的AP Div称为嵌套AP Div。

5.6.2　创建嵌套AP Div

在AP Div中创建一个AP Div，并使新创建的AP Div成为原AP Div的子集，这种创建方法称为嵌套。

创建嵌套AP Div的方法有以下几种。

- 将光标放置在原AP Div中，在菜单栏中执行"插入"|"布局对象"|"AP Div"命令，如图5-48所示。
- 在"布局"插入面板中单击"绘制AP Div"按钮圖并拖动至父级AP Div中，如图5-49所示。

图5-48 执行"AP Div"命令

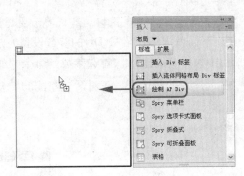

图5-49 拖动"绘制AP Div"按钮

> **提 示**
>
> 创建嵌套AP Div并不一定是页面上的一个AP Div位于另一个AP Div内。嵌套AP Div本质应该是一个AP Div的HTML代码嵌套在另一个AP Div的HTML代码中。一个嵌套AP Div可随它的父级AP Div移动而移动，并继承父级AP Div的可见性。

5.7 使用AP Div排版

在Dreamweaver中，可将创建好的AP Div与表格进行转换，从而方便用户依据喜好对页面进行布局。

由于表格单元格不能重叠，因此Dreamweaver无法基于重叠的AP Div创建表格。如果需要将页面中的AP Div转换为表格，首先应确保AP Div不能重叠。防止AP Div重叠的方法如下所列。

- 在菜单栏中执行"修改"|"排列顺序"|"防止AP元素重叠"命令，如图5-50所示。
- 在菜单栏中执行"窗口"|"AP元素"命令，在打开的"AP元素"面板中选中"防止重叠"复选框，如图5-51所示。

图5-50 执行"防止AP元素重叠"命令

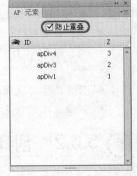

图5-51 选中"防止重叠"复选框

实例：将表格转换为AP Div

源 文 件：	源文件\场景\第5章\将表格转换为AP Div.html
视频文件：	视频\第5章\5.7.1.1.avi

在使用表格布局网页时，调整起来会比较麻烦，此时可以将表格转换为AP Div，然后在页面中进行排版。将表格转换为AP Div的具体操作步骤如下所述。

01 按Ctrl+O组合键，在弹出的对话框中选择随书附带光盘中的"源文件\素材\第5章\书屋.html"文件，单击"打开"按钮将其打开，如图5-52所示。

02 在菜单栏中执行"修改"|"转换"|"将表格转换为AP Div"命令，如图5-53所示。

03 弹出"将表格转换为AP Div"对话框，在该对话框中取消选中"显示网格"和"靠齐到网格"复选框，如图5-54所示。

图5-52 打开的素材文件

图5-53 执行"将表格转换为AP Div"命令

图5-54 "将表格转换为AP Div"对话框

该对话框中各参数功能如下所述。

- **防止重叠**：选中此复选框，在转换完成后可防止AP Div重叠。
- **显示AP元素面板**：选中此复选框，在转换完成后将显示"AP元素"面板。
- **显示网格**：选中此复选框，在转换完成后可显示网格。
- **靠齐到网格**：选中此复选框，可设置网页元素靠齐到网格。

04 设置完成后单击"确定"按钮，即可将表格转换为AP Div，如图5-55所示。

图5-55 将表格转换为AP Div

实例：将AP Div转换为表格

源 文 件：	源文件\场景\第5章\将AP Div转换为表格.html
视频文件：	视频\第5章\5.7.1.2.avi

下面介绍将AP Div转换为表格的方法，具体操作步骤如下所述。

01 打开上一实例中保存的场景文件"将表格转换为AP Div.html"，如图5-56所示。

02 在菜单栏中执行"修改"|"转换"|"将AP Div转换为表格"命令，如图5-57所示。

03 弹出"将AP Div转换为表格"对话框，在该对话框中使用默认设置即可，如图5-58所示。

图5-56 打开的场景文件　　　　图5-57 执行"将AP Div转换　　　图5-58 "将AP Div转换为
　　　　　　　　　　　　　　　　　为表格"命令　　　　　　　　　表格"对话框

该对话框中各参数功能如下所述。

- 最精确：选中该单选按钮，在转换时为每一个AP Div建立一个表格单元，并保留AP Div与AP Div之间所必需的任何单元格。
- 最小：合并空白单元：选中该单选按钮，如果AP Div位于被指定的像素数之内，则这些AP Div的边缘应该对齐。选中该单选按钮可以减少空行、空格。
- 使用透明GIFs：用透明的GIF图像填充表格的最后一行。这样可以确保表格在所有浏览器中的显示是相同的。如果选中该复选框，将不可能通过拖曳生成表格的列来改变表格的大小。在不选中该复选框时，转换成的表格中不包含透明的GIF图像，但在不同的浏览器中，它的外观可能稍有不同。
- 置于页面中央：选中该复选框，使生成的表格在页面上居中对齐。如果不选中该复选框，则表格左对齐。
- 防止重叠：选中该复选框，在转换完成后可防止AP Div重叠。
- 显示AP元素面板：选中该复选框，在转换完成后显示"AP元素"面板。
- 显示网格：选中该复选框，在转换完成后可显示网格。
- 靠齐到网格：选中该复选框，设置网页元素靠齐到网格。

04 设置完成后单击"确定"按钮，即可将AP Div转换为表格，如图5-59所示。

图5-59 将AP Div转换为表格效果

5.8 拓展练习——使用AP Div布局页面

源 文 件：	源文件\场景\第5章\使用AP Div布局页面.html
视频文件：	视频\第5章\5.8.avi

本例介绍使用AP Div布局页面来完成咖啡网站的制作，效果如图5-60所示。

01 按Ctrl+O组合键，在弹出的对话框中选择随书附带光盘中的"源文件\素材\第5章\咖啡.html"文件，单击"打开"按钮将其打开，如图5-61所示。

02 在"布局"插入面板中单击"绘制AP Div"按钮，并在文档窗口中绘制AP Div，如图5-62所示。

03 将光标置入绘制的AP Div中，然后在菜单栏中执行"插入"|"表格"命令，如图5-63所示。

图5-60　效果图

图5-61　打开的素材文件

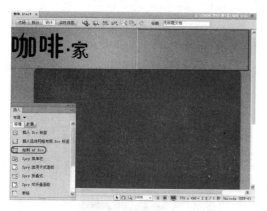

图5-62　绘制AP Div

图5-63　执行"表格"命令

04 弹出"表格"对话框，在该对话框中将"行数"设置为"1"，"列"设置为"6"，"表格宽度"设置为"350像素"，"边框粗细"、"单元格边距"和"单元格间距"均设置为"0"，并单击"确定"按钮，如图5-64所示。

05 即可在绘制的AP Div中插入表格，如图5-65所示。

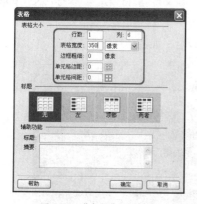

图5-64　"表格"对话框

图5-65　插入的表格

06 将光标置入第一个单元格中，然后在菜单栏中执行"插入"|"图像"命令，弹出"选择图

创意大学
Dreamweaver CS6标准教材

像源文件"对话框，在该对话框中选择随书附带光盘中的"源文件\素材\第5章\主页.png"文件，如图5-66所示。

07 单击"确定"按钮，即可将选择的素材图像插入至单元格中，然后在"属性"面板中将素材文件的"宽"和"高"分别设置为"41px"和"120px"，如图5-67所示。

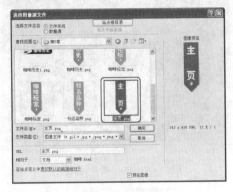

图5-66 选择素材图像

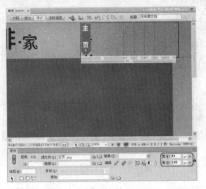

图5-67 调整图像大小

08 使用同样的方法在其他单元格中插入素材图像，并调整素材图像的大小，如图5-68所示。

09 在"布局"插入面板中单击"绘制 AP Div"按钮，并在文档窗口中绘制 AP Div，如图 5-69 所示。

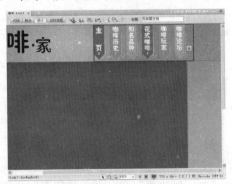

图5-68 插入其他素材图像

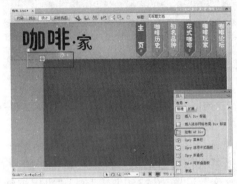

图5-69 绘制 AP Div

10 将光标置入新绘制的AP Div中，然后在菜单栏中执行"插入"|"图像"命令，弹出"选择图像源文件"对话框，在该对话框中选择随书附带光盘中的"源文件\素材\第5章\咖啡历史1.png"文件，如图5-70所示。

11 单击"确定"按钮，即可将选择的素材图像插入至AP Div中，如图5-71所示。

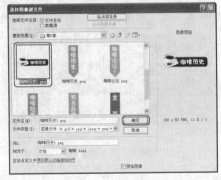

图5-70 选择素材图像

图5-71 插入的素材图像

⓬ 在"布局"插入面板中单击"绘制AP Div"按钮▤，并在文档窗口中绘制AP Div，如图5-72所示。

⓭ 然后打开随书附带光盘中的"源文件\素材\第5章\咖啡历史.txt"文本，如图5-73所示。

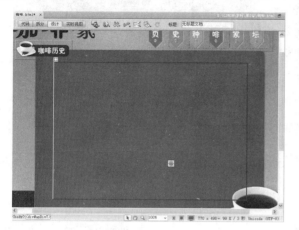

图5-72　绘制AP Div

图5-73　打开的文本文档

⓮ 按Ctrl+A组合键选择所有的文本，然后按Ctrl+C组合键复制，返回到"咖啡.html"文档窗口中，并将光标置入新绘制的AP Div中，按Ctrl+V组合键进行粘贴，如图5-74所示。

⓯ 然后按Shift+Ctrl+空格键，在每一段的前面敲空格，并按Ctrl+A组合键选择所有的文本，在"属性"面板中将字体"大小"设置为"15px"，将字体颜色设置为"#FFF"，如图5-75所示。

图5-74　粘贴文本

图5-75　设置文字

⓰ 然后选择该AP Div，在"属性"面板中将"溢出"设置为"scroll"，如图5-76所示。

⓱ 在"布局"插入面板中单击"绘制AP Div"按钮▤，并在文档窗口中绘制AP Div，如图5-77所示。

⓲ 然后在绘制的AP Div中输入文字并选择。在"属性"面板中将字体"大小"设置为"15px"，将字体颜色设置为"#FFF"，效果如图5-78所示。

⓳ 保存网页文档，按F12键在浏览器中预览效果，如图5-79所示。

图5-76　设置溢出

图5-77　绘制AP Div

图5-78　输入并设置文字

图5-79　预览效果

5.9　本章小结

　　本章主要介绍了创建与编辑、设置AP Div属性、选择、移动、对齐和删除AP Div等方法。另外还介绍了设置AP Div参数、创建嵌套AP Div以及使用AP Div排版的方法。

- 在菜单栏中执行"插入"|"布局对象"|"AP Div"命令，即可创建一个AP Div；或者在"布局"插入面板中单击"绘制AP Div"按钮，在文档窗口中单击鼠标左键并拖动至合适大小后释放，即可绘制一个AP Div；也可以在"布局"插入面板中拖曳"绘制AP Div"按钮至文档窗口中，即可创建一个AP Div。

- 在文档窗口中单击AP Div的边框线或选择柄，即可选择单个AP Div；将鼠标指针移动到AP Div的左侧或右侧边框线上的控制点上，拖动鼠标，即可调整AP Div的宽度；将鼠标指针移动到AP Div的上方或下方边框线上的控制点上，拖动鼠标，即可调整AP Div的高度；将鼠标指针移动到AP Div的4个角上的任意一个控制点上，拖动鼠标，即可同时调整AP Div的宽度和高度。

- 将光标放置在原AP Div中，在菜单栏中执行"插入"|"布局对象"|"AP Div"命令，或者在"布局"插入面板中单击"绘制AP Div"按钮并拖动至父级AP Div中，即可创建嵌套AP Div。

● 在菜单栏中执行"修改"|"转换"|"将表格转换为AP Div"命令，即可将表格转换为AP Div；在菜单栏中执行"修改"|"转换"|"将AP Div转换为表格"命令，即可将AP Div转换为表格。

5.10 课后习题

1．选择题

（1）要绘制多个AP Div，可以在按住（　　）键的同时进行绘制。

    A. Alt   B. Tab   C. Ctrl   D. Shift

（2）在文档窗口中按住（　　）键的同时单击需要选中的AP Div，即可选中多个AP Div。

    A. Alt   B. Tab   C. Ctrl   D. Shift

（3）选中需要移动的AP Div，使用键盘上的方向键进行移动，每按一次方向键移动1个像素，按住（　　）键的同时按方向键进行移动，一次移动10个像素。

    A. Alt   B. Tab   C. Ctrl   D. Shift

2．填空题

（1）将光标放置在需要插入AP Div的位置，然后在菜单栏中执行_____|_____|_____命令，即可创建一个AP Div。

（2）在文档窗口中单击AP Div的_____或_____，即可选择单个AP Div。

（3）在文档窗口中选择不需要的AP Div，并单击鼠标右键，在弹出的快捷菜单中执行_____命令，或者在文档窗口中选择不需要的AP Div，按_____键，即可将不需要的AP Div删除。

3．判断题

（1）AP元素是分配有绝对位置的HTML页面元素，即Div标签或其他任何标签。（　　）

（2）"AP元素"面板分为三部分，左侧为"眼睛"标记，单击"眼睛"按钮，可以更改所有AP Div的可见性；中间显示的是AP Div的名称；右侧为AP Div在Z轴的排列顺序。（　　）

4．上机操作题

根据本章介绍的内容，使用AP Div制作一个公司网站，效果如图5-80所示。

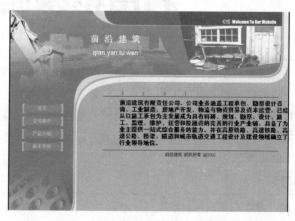

图5-80　公司网站

第6章
利用框架制作网页

框架主要是由两个部分组成，即框架集和单个框架。所谓框架集就是在一个文档内定义一组框架结构的HTML网页，它定义了一个网页显示的框架数、框架大小、载入框架的网页源和其他可定义的属性。单个框架是指在网页上定义一个独立的区域，以显示独特的网页风格。本章介绍创建框架的方法，以及如何保存框架、选择框架和框架集、设置框架和框架集属性等。

学习要点

- 熟悉创建框架的方法
- 掌握保存框架和框架文件的方法

- 掌握选择框架和框架集的方法
- 掌握设置框架和框架集属性的方法

6.1 框架结构的概念

框架的最常见用途就是导航。一组框架通常包括一个含有导航条的框架和另一个要显示主要内容页面的框架。

框架主要用于在一个浏览器窗口中显示多个HTML文档内容，通过构建这些文档之间的相互关系，实现文档导航、浏览以及操作等目的。框架技术主要通过两种元素来实现：框架集(Frameset)和单个框架(Frames)。

> 🔍 提 示
>
> 框架集就是框架的集合，实际上是一个页面，用于定义在一个文档窗口中显示多个文档框架结构的HTML网页。

框架集定义了一个文档窗口中显示网页的框架数、框架的大小、载入框架的网页和其他可以定义的属性等。把框架集看作是一个可以容纳和组织多个文档的容器。

单个框架是指在框架集中被组织和显示的每一个文档。框架可以说是浏览器中单独的一个区域。它可以显示与浏览器窗口其余部分中不相关的HTML文档。

框架网页有很独特的优点，其具体说明如下。

- 由于框架页面中导航的部分是同一个网页，因此框架网页可以很好地保留网页的整体风格。
- 框架网页中的导航部分是固定的，无需添加导航条，对制作者和浏览者都提供了极大的方便。
- 可以把每个网页都用到的公共内容制作成一个单独的网页，作为框架内容的一个特定的框架页面，这样就不需要在每一个网页中重新输入这个公共部分的内容了，既可以节省时间，又能提高工作效率。
- 在更新网络时，只需要更改框架中公共部分的框架内容，其他使用公共内容的文档也会自动更新，从而使整个网站完整地更新修改。
- 框架在网站的首页中也是比较常见的。在一个页面中，可以使用框架的嵌套来满足网页设计的需求。
- 在创建框架时，还可以设置边框的颜色，也可以很随意地设置框架的链接和跳转功能，还可以设置框架的行为，从而制作出更加复杂的页面。

6.2 创建框架

Dreamweaver CS6中提供了13种框架集，其创建方法很简单，只需单击选择需要的框架集即可。

▶ 6.2.1 创建预定义框架集

使用预定的框架集可以很轻松地选择需要创建的框架集。创建预定义框架集的具体操作步骤如下所述。

01 启动Dreamweaver CS6，在开始页面中，单击"新建"栏下的"HTML"选项，如图6-1所示。

02 即可新建一个空白文档，然后在菜单栏中执行"插入"｜"HTML"｜"框架"命令，在弹出的子菜单中选择一种框架集，这里选择了"左侧及上方嵌套"，如图6-2所示。

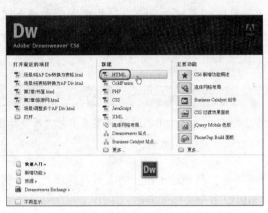
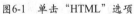

图6-1　单击"HTML"选项　　　　　　图6-2　选择"左侧及上方嵌套"

03 此时页面中会弹出一个"框架标签辅助功能属性"对话框，在该对话框中可以为创建的每一个框架指定标题，如图6-3所示。

04 单击"确定"按钮，此时页面中就会创建一个"左侧及上方嵌套"的框架，如图6-4所示。

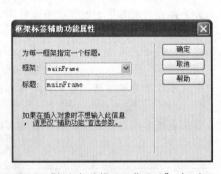

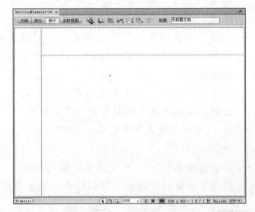

图6-3　"框架标签辅助功能属性"对话框　　　　图6-4　创建的框架

实例：在框架中添加内容

源　文　件：	源文件\场景\第6章\在框架中添加内容.html
视频文件：	视频\第6章\6.2.1.avi

往往在创建好一个框架后，会在所创建的框架中添加内容，以丰富网页。在框架中添加内容的具体操作步骤如下所述。

01 在开始页面中，单击"新建"栏下的"HTML"选项，即可新建一个空白文档，然后在菜单栏中执行"插入"｜"HTML"｜"框架"｜"上方及左侧嵌套"命令，如图6-5所示。

02 在弹出的"框架标签辅助功能属性"对话框中使用默认设置，直接单击"确定"按钮，即可在页面中创建"上方及左侧嵌套"框架，如图6-6所示。

图6-5 执行"上方及左侧嵌套"命令

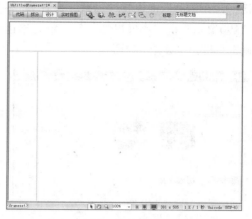

图6-6 创建的框架

03 在文档窗口中单击顶部框架的边框，然后在"属性"面板的"行"文本框中输入237，如图6-7所示。

04 将光标放置在创建好的顶部框架中，在"属性"面板中单击"页面属性"按钮，弹出"页面属性"对话框，在左侧"分类"列表中选择"外观（HTML）"选项，然后在右侧的设置区域中将"左边距"和"上边距"均设置为0，如图6-8所示。

05 设置完成后单击"确定"按钮，然后在菜单栏中执行"插入"|"图像"命令，如图6-9所示。

图6-7 设置框架

图6-8 "页面属性"对话框

图6-9 执行"图像"命令

06 弹出"选择图像源文件"对话框，在该对话框中选择随书附带光盘中的"源文件\素材\第6章\茶背景.jpg"文件，如图6-10所示。

07 然后单击"确定"按钮，即可在框架中插入素材图像，如图6-11所示。

08 在文档窗口中单击左侧框架的边框，然后在"属性"面板中的"行"文本框中输入190，如图6-12所示。

09 将光标放置在左侧框架中，在"属性"面板中单击"页面属性"按钮，弹出"页面属性"对话框，在左侧"分类"列表中选择"外观（HTML）"选项，然后在右侧的设置区域中将"左边距"和"上边距"均设置为0，如图6-13所示。

10 设置完成后单击"确定"按钮，在菜单栏中执行"插入"|"表格"命令，弹出"表格"

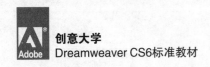

对话框，在该对话框中将"行数"设置为"4"，"列"设置为"1"，"表格宽度"设置为"190像素"，"边框粗细"、"单元格边距"和"单元格间距"均设置为"0"，单击"确定"按钮，如图6-14所示。

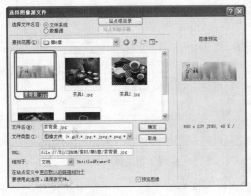

图6-10 "选择图像源文件"对话框

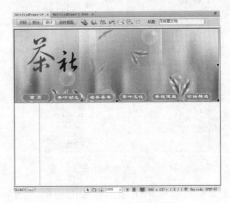

图6-11 插入素材图像

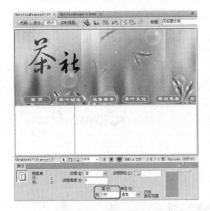

图6-12 设置框架

图6-13 "页面属性"对话框

图6-14 "表格"对话框

11 即可插入表格，将光标置入第一个单元格中，在"属性"面板中将"水平"设置为"居中对齐"，将"高"设置为"30"，将"背景颜色"设置为"#49BE56"，如图6-15所示。

12 然后在该单元格中输入文字并选中，在"属性"面板中单击"编辑规则"按钮，如图6-16所示。

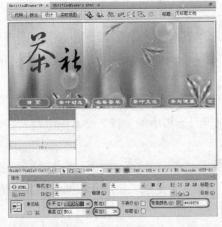

图6-15 设置单元格属性

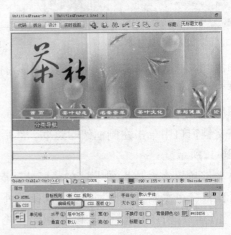

图6-16 单击"编辑规则"按钮

13 弹出"新建CSS规则"对话框，在该对话框中将"选择器类型"设置为"类（可应用于任何HTML元素）"，在"选择器名称"文本框中输入"m"，如图6-17所示。

14 设置完成后单击"确定"按钮，弹出".m的CSS规则定义"对话框，在左侧的"分类"列表框中选择"类型"选项，然后在右侧的设置区域中将"Font-family"设置为"黑体"，将"Font-size"设置为"18px"，将"Color"设置为"#FFF"，如图6-18所示。

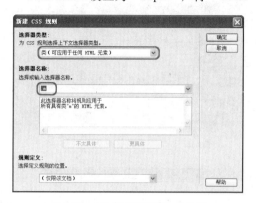

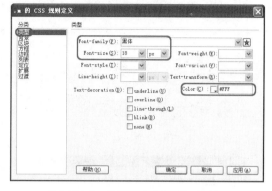

图6-17 "新建CSS规则"对话框 图6-18 ".m的CSS规则定义"对话框

15 单击"确定"按钮，即可为选择的文字应用该样式，如图6-19所示。

16 使用同样的方法，设置第三个单元格，并输入文字，然后为输入的文字应用样式"m"，如图6-20所示。

图6-19 应用样式 图6-20 设置单元格并输入文字

17 将光标置入第二个单元格中，在"属性"面板中将"水平"设置为"居中对齐"，将"高"设置为"102"，如图6-21所示。

18 然后在单元格中输入文字并选中，在"属性"面板中单击"编辑规则"按钮，如图6-22所示。

19 弹出"新建CSS规则"对话框，在该对话框中将"选择器类型"设置为"类（可应用于任何HTML元素）"，在"选择器名称"文本框中输入"v"，如图6-23所示。

20 设置完成后单击"确定"按钮，弹出".v的CSS规则定义"对话框，在左侧的"分类"列表框中选择"类型"选项，然后在右侧的设置区域中将"Font-size"设置为"15px"，如图6-24所示。

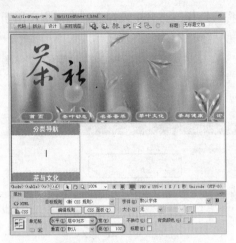

图6-21 设置单元格属性

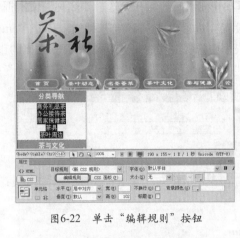

图6-22 单击"编辑规则"按钮

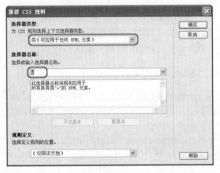

图6-23 "新建CSS规则"对话框

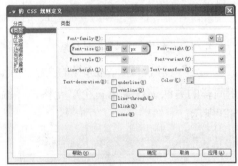

图6-24 ".v的CSS规则定义"对话框

21 单击"确定"按钮，即可为选择的文字应用该样式，如图6-25所示。

22 使用同样的方法，设置第四个单元格，并输入文字，然后为输入的文字应用样式"v"，如图6-26所示。

图6-25 应用样式

图6-26 设置单元格并输入文字

23 使用前面介绍的方法，设置右侧边框的"页面属性"，然后插入一个10行3列，宽度为487像素的表格，并对单元格属性进行设置，效果如图6-27所示。

24 在单元格中插入素材图片，然后输入文字，并为输入的文字设置样式，效果如图6-28所示。

图6-27 插入并设置表格

图6-28 添加内容

6.2.2 创建嵌套框架集

在原有的框架内创建一个新的框架，称之为嵌套框架集。一个框架集文件可以包含多个嵌套框架。大多使用框架的Web其实使用的都是嵌套框架集，在Dreamweaver中大多数的预定框架集也是使用的嵌套，如果在一组框架的不同行列中有许多不同数目的框架，则需要使用嵌套框架集。创建嵌套框架集的具体操作步骤如下所述。

01 将光标置入要插入嵌套框架集的框架中，如图6-29所示。

02 在菜单栏中执行"修改"|"框架集"命令，在弹出的子菜单中有四种拆分框架的命令，即"拆分左框架"、"拆分右框架"、"拆分上框架"和"拆分下框架"，在这里选择"拆分上框架"，如图6-30所示。

图6-29 置入光标

03 即可创建嵌套框架集，效果如图6-31所示。

图6-30 选择"拆分上框架"

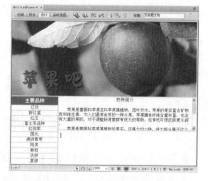

图6-31 创建的嵌套框架集

🔍 **提示**

还可以在菜单栏中执行"插入"|"HTML"|"框架"命令，在弹出的子菜单中选择一种框架集，也可在网页中插入一个嵌套框架集，如图6-32所示。

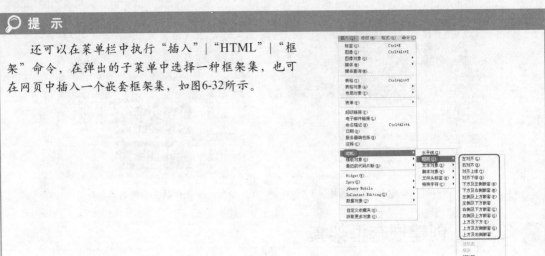

图6-32 "框架"子菜单

6.3 保存框架和框架文件

在浏览器中预览框架集之前，必须保存框架集文件以及在框架中显示的所有文档。

▶ 6.3.1 保存框架文件

在"框架"面板或文档窗口中选择框架，然后执行下列操作之一。

- 如果要保存框架文件，可以在菜单栏中执行"文件"|"保存框架"命令，如图6-33所示。
- 如果要将框架文件保存为新文件，可在菜单栏中执行"文件"|"框架另存为"命令，如图6-34所示。

图6-33 执行"保存框架"命令

图6-34 执行"框架另存为"命令

▶ 6.3.2 保存框架集文件

在"框架"面板或文档窗口中选择框架集，然后执行下列操作之一。

- 如果要保存框架集文件，可以在菜单栏中执行"文件"|"保存框架页"命令，如图6-35所示。

● 如果要将框架集文件保存为新文件，则可在菜单栏中执行"文件"|"框架集另存为"命令，如图6-36所示。

图6-35　执行"保存框架页"命令

图6-36　执行"框架集另存为"命令

6.3.3　保存所有的框架集文件

在菜单栏中执行"文件"|"保存全部"命令，如图6-37所示，即可保存所有的文件(包括框架集文件和框架文件)。

执行该命令后，Dreamweaver会先保存框架集文件，此时，框架集边框会显示选择线，并在保存文件对话框的文件名域提供临时文件名UntitledFrameset-1，可以根据需要修改保存文件的名字，然后单击"保存"按钮即可。

随后保存主框架文件，文件名域中的文件名则变为Untitled-1，设计视图(文档窗口)中的选择线也会自动移到主框架中，单击"保存"按钮即可。保存完主框架后，才会保存其他框架文件。

图6-37　执行"保存全部"命令

6.4　选择框架和框架集

选择框架和框架集是对框架页面进行设置的第一步，之后才能对框架和框架集进行设置。

6.4.1　认识"框架"面板

框架和框架集是单个的HTML文档。如果想要修改框架或框架集，首先应该选择它们，可以在设计视图中使用"框架"面板来进行选择。

在菜单栏中执行"窗口"|"框架"命令，如图6-38所示，即可打开"框架"面板，如图6-39所示。

图6-38 执行"框架"命令

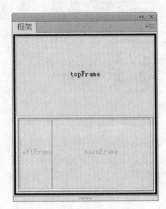

图6-39 "框架"面板

6.4.2 在"框架"面板中选择框架或框架集

在"框架"面板中随意单击一个框架就能将其选中，当被选中时，文档窗口中的框架周围就会出现带有虚线的轮廓，如图6-40所示。

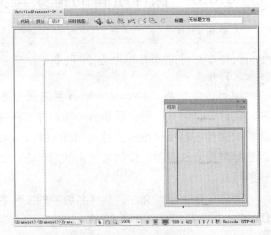

图6-40 选择框架

6.4.3 在文档窗口中选择框架或框架集

还可以在文档窗口中选择框架或者框架集。在文档窗口中单击某个框架的边框，可以选择该框架所属的框架集。当一个框架集被选中时，框架集内所有框架的边框都会带有虚线轮廓。

要将选择转移到另一个框架，可以执行以下操作之一。

- 按住Alt+左或右方向键，可将选择移至下一个框架。
- 按住Alt+上方向键，可将选择移至父框架。
- 按住Alt+下方向键，可将选择移至子框架。

6.5 设置框架和框架集属性

通过使用"属性"面板，可以完成对框架或框架集名称、框架源文件、边框颜色、边界宽度和边界高度等属性的设置。

6.5.1　设置框架属性

在文档窗口中，按Shift+Alt组合键单击选择一个框架，或者在"框架"面板中单击选择框架，即可在"属性"面板中显示框架属性，如图6-41所示。

图6-41　框架"属性"面板

在框架"属性"面板中各参数功能如下所述。

- 框架名称：可以在该文本框中输入新的名称，为框架重新命名（框架名称必须是单个词，名称中允许带有下画线，但是不允许使用连字符、句点和空格）。
- 源文件：此文本框中所显示的是在框架中显示的源文件的位置，单击文本框右侧的"浏览文件"按钮，在弹出的对话框中选择源文件。或者在文本框中直接输入源文件的路径。
- "边框"下拉列表：用于设置在浏览器中查看框架时是否显示当前框架的边框。在下拉列表中共有三个选项，即"默认"、"是"和"否"，选择"是"选项，在浏览器中查看框架时会显示框架的边框；选择"否"选项，在浏览器中查看框架时框架边框会被隐藏。大多数浏览器默认为显示边框，除非父框架集已将"边框"设置为"否"。只有当共享该边框的所有框架都将"边框"设置为"否"时，边框才是隐藏的。
- "滚动"下拉列表：用于设置在浏览器中查看框架时是否显示滚动条，此选项与"边框"选项相似，不过在"滚动"选项中含有"自动"选项，大多数浏览器默认为自动，滚动条的显示取决于浏览器的窗口空间。
- 不能调整大小：选中此复选框，可以完好地保证框架边框，不会被浏览者在浏览器中通过拖动来调整框架的大小。
- 边框颜色：设置当前框架与相邻的所有边框的颜色，在显示边框的情况下，边框颜色才会被显示。
- 边界宽度：以像素为单位设置左边距和右边距的距离（框架边框与内容之间的空间）。
- 边界高度：以像素为单位设置上边距与下边距的距离（框架边框与内容之间的空间）。

6.5.2　设置框架集属性

在文档窗口中单击框架集的边框，即可选择一个框架集。此时，会在"属性"面板中显示框架集属性，如图6-42所示。

图6-42　框架集"属性"面板

在框架集"属性"面板中，各参数功能如下所述。

- "边框"下拉列表：用于设置在浏览器中查看文档时，在框架的周围是否显示边框。在该下拉列表中选择"是"选项，那么在浏览器中查看文档时会显示边框；如果选择"否"选项，

则在浏览器中查看文档时便不会显示边框；如果选择"默认"选项，那么边框是否显示将由
浏览器来确定。

- 边框颜色：单击颜色图标，在弹出的颜色拾取器中选择边框的颜色，或者在颜色文本框中输
  入颜色的十六进制值。
- 边框宽度：用于指定框架集中所有边框的宽度。
- 值：设置选定框架集的各行和各列的框架大小。
- "单位"下拉列表：用来指定浏览器分配给每个框架的空间大小，在该下拉列表中共包括三
  种选项，即"像素"、"百分比"和"相对"。

▶ 6.5.3 改变框架的背景颜色

在制作网页的过程中，为了使网页更加美观，还可以为框架设置不同的背景颜色。改变框架
背景颜色的具体操作步骤如下所述。

01 按Ctrl+O组合键，在弹出的对话框中选择随书附带光盘中的"源文件\素材\第6章\苹果
吧.html"文件，如图6-43所示。

02 单击"打开"按钮，即可打开选择的素材文件，然后将光标置入需要改变背景颜色的框架
中，如图6-44所示。

图6-43　选择素材文件

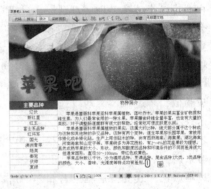

图6-44　置入光标

03 在菜单栏中执行"修改"|"页面属性"命令，弹出"页面属性"对话框，在左侧"分
类"列表中选择"外观（CSS）"选项，然后在右侧的设置区域中将"背景颜色"设置为
"#CF1A23"，如图6-45所示。

04 设置完成后单击"确定"按钮，即可为选择的框架填充背景颜色，如图6-46所示。

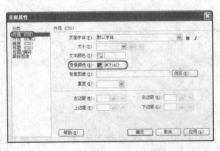

图6-45　"页面属性"对话框

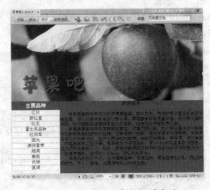

图6-46　为框架填充背景颜色

6.6 拓展练习——使用框架制作网页

源 文 件：	源文件\场景\第6章\使用框架制作网页.html
视频文件：	视频\第6章\6.6.avi

通过上面的介绍,相信已经掌握了框架的基础知识。下面使用框架制作网页,效果如图 6-47 所示。

01 启用Dreamweaver CS6, 在菜单栏中执行"文件"|"新建"命令, 如图6-48所示。

图6-47 效果图

图6-48 执行"新建"命令

02 弹出"新建文档"对话框,选择"空白页"选项卡,在"页面类型"列表框中选择"HTML"选项,在"布局"列表框中选择"无"选项,如图6-49所示。

03 单击"创建"按钮,即可创建一个空白的网页文档,然后在"属性"面板中单击"页面属性"按钮,如图6-50所示。

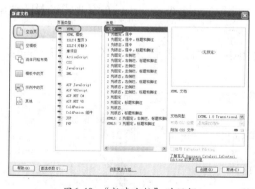

图6-49 "新建文档"对话框

图6-50 单击"页面属性"按钮

04 弹出"页面属性"对话框,在左侧的"分类"列表框中选择"外观(HTML)"选项,然后在右侧的设置区域中将"左边距"和"上边距"均设置为"0",如图6-51所示。

05 设置完成后,单击"确定"按钮,然后在菜单栏中执行"插入"|"HTML"|"框架"|"上方及左侧嵌套"命令,如图6-52所示。

06 弹出"框架标签辅助功能属性"对话框,在该对话框中使用默认设置,直接单击"确定"按钮,即可在空白页面中插入一个"上方及左侧嵌套"的框架,如图6-53所示。

07 然后单击顶部框架的边框,并在"属性"面板中的"行"文本框中输入"130",如图6-54所示。

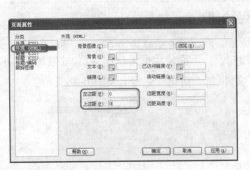

图6-51 "页面属性"对话框   图6-52 执行"上方及左侧嵌套"命令

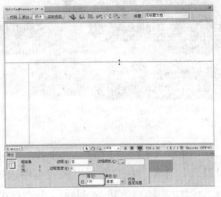

图6-53 插入的框架   图6-54 设置顶部框架

08 将光标放置在顶部框架中，在"属性"面板中单击"页面属性"按钮，弹出"页面属性"对话框，在左侧"分类"列表中选择"外观（HTML）"选项，然后在右侧的设置区域中将"左边距"和"上边距"均设置为0，如图6-55所示。

09 设置完成后，单击"确定"按钮，然后在菜单栏中执行"插入"|"表格"命令，如图6-56所示。

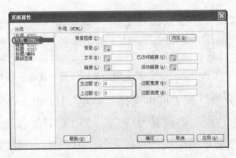

图6-55 "页面属性"对话框   图6-56 执行"表格"命令

10 弹出"表格"对话框，在该对话框中将"行数"设置为"2"，"列"设置为"1"，"表格宽度"设置为"800像素"，"边框粗细"、"单元格边距"和"单元格间距"均设置为"0"，单击"确定"按钮，如图6-57所示。

11 即可在顶部框架中插入表格，将光标置入第一个单元格中，然后在菜单栏中执行"插入"|"图像"命令，如图6-58所示。

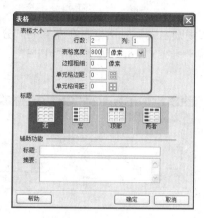

图6-57 "表格"对话框

图6-58 执行"图像"命令

12 弹出"选择图像源文件"对话框，在该对话框中选择随书附带光盘中的"源文件\素材\第6章\万秀网.jpg"文件，如图6-59所示。

13 单击"确定"按钮，即可在单元格中插入素材图像，如图6-60所示。

图6-59 选择图像文件

图6-60 插入的素材图像

14 将光标置入第二个单元格中，在"属性"面板中将"水平"设置为"居中对齐"，将"高"设置为"30"，将"背景"颜色设置为"#444444"，如图6-61所示。

15 然后在单元格中输入文字并选中，如图6-62所示。

图6-61 设置单元格属性

图6-62 输入并选择文字

16 在"属性"面板中单击"编辑规则"按钮，弹出"新建CSS规则"对话框，在该对话框中将"选择器类型"设置为"类（可应用于任何HTML元素）"，在"选择器名称"文本框中输入"a1"，如图6-63所示。

17 设置完成后单击"确定"按钮，弹出".a1的CSS规则定义"对话框，在左侧的"分类"列表框中选择"类型"选项，然后在右侧的设置区域中将"Color"设置为"#FFF"，如图6-64所示。

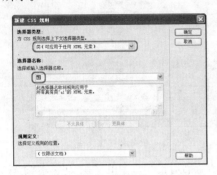

图6-63 "新建CSS规则"对话框   图6-64 ".a1的CSS规则定义"对话框

18 单击"确定"按钮，即可为选择的文字应用该样式，如图6-65所示。

19 单击左侧框架的边框，并在"属性"面板中的"列"文本框中输入"225"，如图6-66所示。

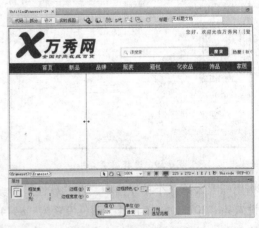

图6-65 应用样式   图6-66 设置左侧框架

20 将光标置入左侧框架中，然后在"属性"面板中单击"页面属性"按钮，弹出"页面属性"对话框。在左侧"分类"列表中选择"外观（HTML）"选项，然后在右侧的设置区域中将"左边距"和"上边距"均设置为"0"，如图6-67所示。

21 设置完成后，单击"确定"按钮，然后在菜单栏中执行"插入"|"表格"命令，弹出"表格"对话框，在该对话框中将"行数"设置为"9"，"列"设置为"1"，"表格宽度"设置为"225像素"，"边框粗细"设置为"0"，"单元格边距"设置为"5"，"单元格间距"设置为"2"，单击"确定"按钮，如图6-68所示。

22 即可在左侧框架中插入表格，效果如图6-69所示。

23 将光标置入第一个单元格中，然后在"属性"面板中将"水平"设置为"居中对齐"，将"背景颜色"设置为"#AD1800"，如图6-70所示。

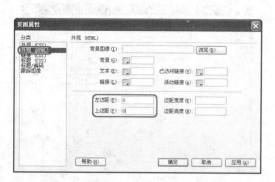

图6-67 "页面属性"对话框

图6-68 "表格"对话框

图6-69 插入的表格

图6-70 设置单元格属性

24 然后将其他单元格的"背景颜色"设置为"#666666"，如图6-71所示。

25 在第一个单元格中输入文字并选中，如图6-72所示。

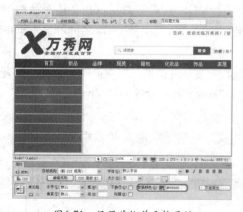

图6-71 设置其他单元格属性

图6-72 输入并选择文字

26 在"属性"面板中单击"编辑规则"按钮，弹出"新建CSS规则"对话框，在该对话框中将"选择器类型"设置为"类（可应用于任何HTML元素）"，在"选择器名称"文本框中输入"a2"，如图6-73所示。

27 设置完成后单击"确定"按钮，弹出".a2的CSS规则定义"对话框，在左侧的"分类"列表框中选择"类型"选项，然后在右侧的设置区域中将"Font-family"设置为"经典长宋简"，将"Font-size"设置为"18px"，将"Color"设置为"#FFFFFF"，如图6-74所示。

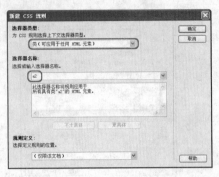

图6-73 "新建CSS规则"对话框

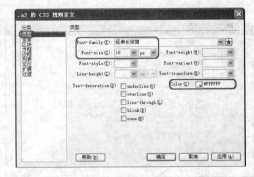

图6-74 ".a2的CSS规则定义"对话框

28 单击"确定"按钮,即可为选择的文字应用该样式,如图6-75所示。

29 然后在第二个单元格中输入文字并选中,如图6-76所示。

图6-75 应用样式

图6-76 输入并选择文字

30 在"属性"面板中单击"编辑规则"按钮,弹出"新建CSS规则"对话框,在该对话框中将"选择器类型"设置为"类(可应用于任何HTML元素)",在"选择器名称"文本框中输入"a3",如图6-77所示。

31 设置完成后单击"确定"按钮,弹出".a3的CSS规则定义"对话框,在左侧的"分类"列表框中选择"类型"选项,然后在右侧的设置区域中将"Font-size"设置为"18px","Color"设置为"#FFF",如图6-78所示。

32 单击"确定"按钮,即可为选择的文字应用该样式,然后继续输入文字并选中,如图6-79所示。

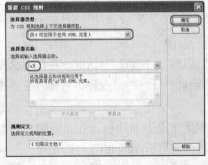

图6-77 "新建CSS规则"对话框

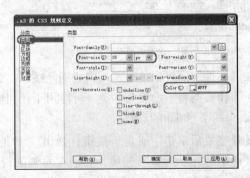

图6-78 ".a3的CSS规则定义"对话框

33 在"属性"面板中单击"编辑规则"按钮，弹出"新建CSS规则"对话框，在该对话框中将"选择器类型"设置为"类（可应用于任何HTML元素）"，在"选择器名称"文本框中输入"a4"，如图6-80所示。

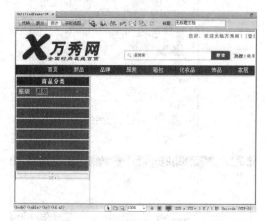

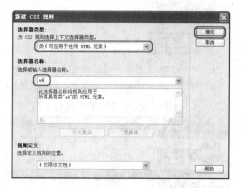

图6-79　输入并选择文字　　　　　　　　图6-80　"新建CSS规则"对话框

34 设置完成后单击"确定"按钮，弹出".a4的CSS规则定义"对话框，在左侧的"分类"列表框中选择"类型"选项，然后在右侧的设置区域中将"Font-size"设置为"14px"，"Color"设置为"#FFF"，如图6-81所示。

35 单击"确定"按钮，即可为选择的文字应用该样式，如图6-82所示。

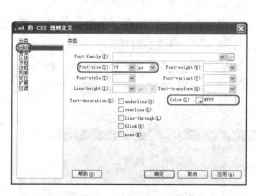

图6-81　".a4的CSS规则定义"对话框　　　　　图6-82　应用样式

36 使用同样的方法，输入其他文字，并为输入的文字应用样式，效果如图6-83所示。

37 将光标置入主框架中，然后在菜单栏中执行"插入"|"表格"命令，弹出"表格"对话框，在该对话框中将"行数"设置为"1"，"列"设置为"2"，"表格宽度"设置为"575像素"，"边框粗细"和"单元格边距"均设置为"0"，"单元格间距"设置为"2"，如图6-84所示。

38 单击"确定"按钮，即可插入表格，如图6-85所示。

39 将光标置入第一个单元格中，然后在菜单栏中执行"插入"|"图像"命令，弹出"选择图像源文件"对话框，在该对话框中选择随书附带光盘中的"源文件\素材\第6章\手表.jpg"文件，如图6-86所示。

图6-83　输入文字并应用样式

图6-84　"表格"对话框

图6-85　插入的表格

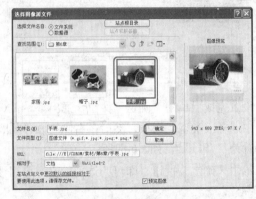

图6-86　选择图像源文件

40 单击"确定"按钮，即可将选择的素材图像插入至单元格中，然后在"属性"面板中将素材文件的"宽"和"高"分别设置为"273px"和"194px"，如图6-87所示。

41 然后将光标置入第二个单元格中，并在菜单栏中执行"插入"|"图像"命令，弹出"选择图像源文件"对话框，在该对话框中选择随书附带光盘中的"源文件\素材\第6章\鞋.jpg"文件，如图6-88所示。

图6-87　设置文件大小

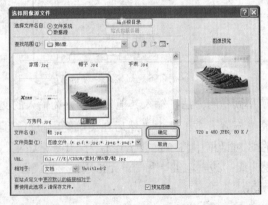

图6-88　选择素材图像

42 单击"确定"按钮，即可将选择的素材图像插入至单元格中，然后在"属性"面板中将素材文件的"宽"和"高"分别设置为"295px"和"197px"，如图6-89所示。

43 使用同样的方法，继续插入表格，并在表格中插入素材图像，效果如图6-90所示。

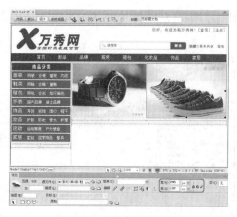

图6-89　设置素材文件大小

图6-90　插入表格和素材图像

44 然后在左侧框架中，将表格调整至如图6-91所示的大小。

45 在菜单栏中执行"文件"|"保存全部"命令，如图6-92所示。

图6-91　调整表格大小

图6-92　执行"保存全部"命令

46 弹出"另存为"对话框，在该对话框中选择一个存储路径，并输入文件名"使用框架制作网页.html"，然后单击"确定"按钮，即可保存所有框架集，如图6-93所示。

47 然后在"另存为"对话框中输入文件名"使用框架制作网页(主).html"，单击"保存"按钮，即可保存主框架，如图6-94所示。

图6-93　保存所有框架集

图6-94　保存主框架

48 再在"另存为"对话框中输入文件名"使用框架制作网页(左).html",单击"保存"按钮,即可保存左侧框架,如图6-95所示。

49 继续在"另存为"对话框中输入文件名"使用框架制作网页(顶).html",单击"保存"按钮,即可保存顶部框架,如图6-96所示。

图6-95　保存左侧框架　　　　　　　　　　图6-96　保存顶部框架

6.7　本章小结

本章主要介绍了创建框架、保存框架和框架文件、选择框架和框架集以及设置框架和框架集属性的方法。

- 在菜单栏中执行"插入"|"HTML"|"框架"命令,在弹出的子菜单中选择一种框架集,即可创建预定义框架集;在原有的框架内创建一个新的框架称为嵌套框架集。将光标置入要插入嵌套框架集的框架中,在菜单栏中执行"修改"|"框架集"命令,在弹出的子菜单中执行一种拆分框架的命令,或者在菜单栏中执行"插入"|"HTML"|"框架"命令,在弹出的子菜单中选择一种框架集,即可插入一个嵌套框架集。
- 在菜单栏中执行"文件"|"保存框架"命令,可以保存选择的框架;在菜单栏中执行"文件"|"保存框架页"命令,可以保存框架集;在菜单栏中执行"文件"|"保存全部"命令,会先保存框架集文件,然后再保存各个框架。
- 在"框架"面板中随意单击一个框架就能将框架选中;也可以在文档窗口中选择框架或者框架集,在文档窗口中单击某个框架的边框,可以选择该框架所属的框架集,当一个框架集被选中时,框架集内所有框架的边框都会带有虚线轮廓。

6.8　课后习题

1.选择题

(1)（　）定义了一个文档窗口中显示网页的框架数、框架的大小、载入框架的网页和其他可以定义的属性等。

　　　　A.框架　　　　B.框架集　　　　C.Div标签　　　　D.表单域

(2)如果要保存框架文件,可以在菜单栏中执行"文件"|（　）命令。

　　　　A.保存框架　　B.保存框架页　　C.保存　　　　D.另存为

（3）按住Alt+（　　）方向键，可将选择移至到父框架。

  A. 上   B. 下   C. 左   D. 右

2. 填空题

（1）框架主要由两个部分组成，即_____和_____。

（2）_____称为嵌套框架集。

（3）在文档窗口中，按住_____组合键可单击选择一个框架。

3. 判断题

（1）框架主要用于在一个浏览器窗口中显示多个HTML文档内容，通过构建这些文档之间的相互关系，实现文档导航、浏览以及操作等目的。（　　）

（2）在原有的框架内创建一个新的框架称为嵌套框架集。一个框架集文件只可以包含两个嵌套框架。（　　）

4. 上机操作题

根据本章介绍的知识制作一个美食网站，效果如图6-97所示。

图6-97　制作美食网站

第7章
使用图像与多媒体
美化网页

在网络信息飞速发展的今天，无论是个人网站还是企业网站，图像和多媒体一样都是网页中不可缺少的基本元素。在Dreamweaver CS6中，通过图像和多媒体美化后的网页能够更加活泼、简洁，也能吸引更多浏览者的注意力。本章将介绍如何使用图像和多媒体美化网页。

学习要点

- 掌握插入图像的方法
- 掌握编辑图像的方法
- 掌握插入图像对象的方法
- 掌握插入多媒体的方法

7.1 插入图像

一个完整的网页离不开图像的应用，只有在网页中插入合适而美观的图像，才可以使网页具有独到的风格。而网页的风格也是需要依靠图像才能得以体现的。不过，在网页中使用图像也不是没有任何限制的。准确地使用图像不仅能体现网页的风格，同时又不会影响浏览网页的速度，这也是在网页中插入图像的基本要求。

▶ 7.1.1 网页图像格式

图像文件有多种格式，但是在网页中通常使用的只有三种，即GIF、JPEG和PNG。下面介绍它们各自的特性。

1. GIF格式

GIF是用于压缩具有单调颜色和清晰细节的图像（如线状图、徽标或带文字的插图）的标准格式。它所采用的压缩方式是无损的，可以方便解决跨平台的兼容性问题。它的特点是最多只支持256种色彩的图像，图像占用磁盘空间小，支持透明背景并且支持动画效果，多数用于图标、按钮、滚动条和背景等的使用。

GIF格式还具有另外一个特点，它是交错文件格式，可以将图像以交错的形式下载。所谓交错显示，就是当图像尚未全部下载完成时，浏览器会逐渐显示下载完成的部分直至显示整张图片。

2. JPEG格式

JPEG文件的扩展名为.jpg或.jpeg，其压缩技术十分先进，它用有损压缩方式去除冗余的图像和彩色数据，获取得到极高的压缩率的同时能展现十分丰富生动的图像。换句话说，就是可以用最少的磁盘空间得到较好的图像质量。

同时JPEG还是一种很灵活的格式，具有调节图像质量的功能，允许用不同的压缩比例对这种文件压缩，比如最高可以把1.37MB的BMP位图文件压缩至20.3KB。当然完全可以在图像质量和文件尺寸之间找到平衡点。

3. PNG格式

PNG，图像文件存储格式，此文件格式增加了一些GIF文件格式所不具备的特性。PNG用来存储灰度图像时，灰度图像的深度可多达16位；存储彩色图像时，彩色图像的深度可多达48位，并且还可存储多达16位的α通道数据。PNG使用从LZ77派生的无损数据压缩算法。一般应用于JAVA程序中，因为它压缩比高，生成文件容量小。

PNG格式图片因其高保真性、透明性及文件体积较小等特性，被广泛应用于网页设计和平面设计中。网络通信中因受带宽制约，在保证图片清晰、逼真的前提下，网页中不可能大范围地使用文件较大的bmp、jpg格式文件，gif格式文件虽然文件较小，但其颜色失色严重，不尽人意，所以PNG格式文件自诞生之日起就大行其道。

▶ 7.1.2 向网页中添加图像

在Dreamweaver CS6中，可以根据需要向网页中添加图像，其具体操作步骤如下所述。

01 运行Dreamweaver CS6，将光标放置在需要插入图像的位置，在菜单栏中执行"插入"|"图像"命令，如图7-1所示。

02 在弹出的对话框中选择"源文件\素材\第7章\素材01.jpg"，如图7-2所示。

03 选择完成后，单击"确定"按钮，即可插入选中的图像，效果如图7-3所示。

图7-1　执行"图像"命令

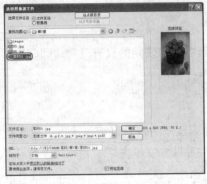

图7-2　选择素材文件

图7-3　导入图像后的效果

提　示

除了上述方法外，还可以通过在"常用"插入面板中单击"图像"按钮，在弹出的下拉列表中执行"图像"命令，如图7-4所示，还可以按Ctrl+Alt+I组合键插入图像。

图7-4　执行"图像"命令

7.2　编辑图像

虽然在Dreamweaver CS6中插入了所需的图像，但是由于图片的应用各有不同，所以常常需要调整图像的尺寸以及亮度对比度等，从而使该图像更适合所制作的网页。本节将介绍如何对插入的图像进行编辑。

▶ 7.2.1　裁剪图像

在Dreamweaver CS6中，可以根据需要对插入的图像进行裁剪，其具体操作步骤如下所述。

01 继续上面的操作，选中要进行裁剪的图像文件，如图7-5所示。

02 在菜单栏中执行"修改"|"图像"|"裁剪"命令，如图7-6所示。

03 执行该操作后，系统会弹出一个提示对话框，如图7-7所示。

图7-5 选择需要裁剪的图像　　　图7-6 执行"裁剪"命令　　　图7-7 提示对话框

04 单击"确定"按钮，图像进入裁剪编辑状态，可以通过移动裁剪窗口，或者调整裁剪控制点选择图像裁剪区域，如图7-8所示。

05 调整完成后，在该窗口中双击鼠标右键或按Enter键确认，即可完成图像的裁剪，效果如图7-9所示。

图7-8 调整裁剪框的大小　　　　　　图7-9 裁剪后的效果

🔍 **提 示**

当对Dreamweaver中的图像进行裁剪后，同时站点文件夹中的素材文件也会发生变化。

▶ 7.2.2　优化图像

下面介绍如何优化插入的素材图像，其具体操作步骤如下所述。

01 继续上面的操作，在菜单栏执行"编辑"|"图像"|"优化"命令，如图7-10所示。

02 执行该操作后，即可打开"图像优化"对话框，在该对话框中将"品质"设置为62，如图7-11所示。

03 设置完成后，单击"确定"按钮，即可对选中的图像进行优化，效果如图7-12所示。

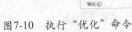

图7-10　执行"优化"命令　　　图7-11　设置图像的品质　　　图7-12　优化后的效果

💡 提　示

　　除了上述方法外，还可以通过在"属性"面板中单击"编辑图像设置"按钮，如图7-13所示，打开"图像优化"对话框。

图7-13　单击"编辑图像设置"按钮

▶ 7.2.3　更改图像大小

　　在Dreamweaver CS6中，可以根据需要调整图像的大小，例如选中要调整大小的图像，在"属性"面板中调整"宽"与"高"的数值即可。

实例：更改图像大小

源　文　件：	源文件\场景\第7章\更改图像大小.html
视频文件：	视频\第7章\7.2.3.avi

　　下面介绍如何调整图像的大小，其具体操作步骤如下所述。

01 启动Dreamweaver CS6，按Ctrl+O组合键，在弹出的对话框中选择随书附带光盘中的"源文件\素材\第7章\素材02.html"文件，如图7-14所示。

02 选择完成后，单击"打开"按钮，即可将选中的素材文件打开，效果如图7-15所示。

图7-14　选择素材文件

图7-15　打开的素材文件

03 将光标置入到要插入图像的单元格中，在菜单栏中执行"插入"|"图像"命令，如图7-16所示。

04 在弹出的对话框中选择随书附带光盘中的"源文件\素材\第7章\03.jpg"素材文件，如图7-17所示。

图7-16 执行"图像"命令

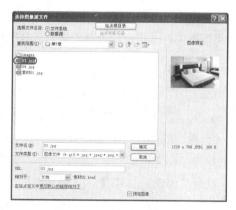

图7-17 选择素材文件

05 选择完成后，单击"确定"按钮，执行该操作后，即可将选中的素材文件添加到文档窗口。选中该素材文件，在"属性"面板中将"宽"和"高"分别设置为"436"、"276"，如图7-18所示。

06 将光标再次置入到要插入图像的单元格中，按Ctrl+Alt+I组合键，在弹出的对话框中选择随书附带光盘中的"源文件\素材\第7章\04.jpg"素材文件，如图7-19所示。

图7-18 调整图像的宽与高

图7-19 选择素材文件

07 选择完成后，单击"确定"按钮，将该图像插入到文档窗口中。选中该图像，在"属性"面板中将"宽"和"高"分别设置为"436"、"276"，如图7-20所示。

08 设置完成后，对该场景进行保存，按F12键预览效果，如图7-21所示。

图7-20 调整图像的大小

图7-21 预览效果

▶ 7.2.4 通过Photoshop调整图像

在Dreamweaver CS6中工作时，可以通过外部编辑器对图像进行修改。修改并保存编辑完成的图像之后，可以直接在文档窗口中查看修改后的图像。

🔷 实例：通过Photoshop调整图像

源 文 件：	源文件\场景\第7章\通过Photoshop调整图像.html
视频文件：	视频\第7章\7.2.4.avi

下面介绍如何通过Photoshop对图像进行调整，其具体操作步骤如下所述。

01 继续上面的操作，在文档窗口中选择要进行调整的图像，如图7-22所示。

02 在菜单栏中执行"修改"|"图像"|"编辑以"|"Photoshop"命令，如图7-23所示。

03 执行该操作后，系统将自动启动Photoshop CS6，在菜单栏中执行"图像"|"调整"|"自然饱和度"命令，如图7-24所示。

图7-22　选择要调整的图像　　　　图7-23　执行"Photoshop"命令　　　图7-24　执行"自然饱和度"命令

04 执行该操作后，即可打开"自然饱和度"对话框，在该对话框中将"自然饱和度"设置为"85"，如图7-25所示。

05 设置完成后，单击"确定"按钮，即可完成对该素材图像的调整，效果如图7-26所示。

06 在菜单栏中执行"文件"|"存储为"命令，在弹出的对话框中为该素材图像指定保存路径，选中"作为副本"复选框，如图7-27所示。

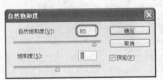

图7-25　"自然饱和度"对话框　　　　图7-26　调整后的效果　　　　图7-27　指定保存路径

07 切换至Dreamweaver CS6中，在文档窗口中选择"04.jpg"素材图片，在"属性"面板中单击"源文件"右侧的"浏览文件"按钮，如图7-28所示。

08 在弹出的对话框中选择随书附带光盘中的"源文件\素材\第7章\ 04副本.jpg"素材文件，如图7-29所示。

图7-28 单击"浏览文件"按钮

图7-29 选择素材文件

09 选择完成后，单击"确定"按钮。选择该图像，在"属性"面板中将"宽"和"高"分别设置为"436"、"276"，如图7-30所示。

10 对该文件进行保存，按F12键预览其效果，如图7-31所示。

图7-30 设置图像属性

图7-31 调整后的效果

▶ 7.2.5 调整亮度/对比度

"亮度/对比度"主要用来调整图像的亮度和对比度。在Dreamweaver CS6中，可以根据需要调整图像的亮度和对比度，其具体操作步骤如下所述。

01 在Dreamweaver CS6中选择要调整亮度/对比度的图像，如图7-32所示。

02 在菜单栏中执行"修改"|"图像"|"亮度/对比度"命令，如图7-33所示。

🔍 **提 示**

> 亮度和对比度的值为负时，图像的亮度和对比度下降；为正值时，则图像的亮度和对比度增加；当值为0时，图像不发生任何变化。

图7-32　选择要调整亮度/对比度的图像

图7-33　执行"亮度/对比度"命令

03　在弹出的对话框中将"亮度"设置为"35"，将"对比度"设置为"24"，如图7-34所示。

04　设置完成后，单击"确定"按钮，即可调整选中图像的亮度/对比度，效果如图7-35所示。

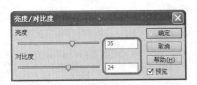

图7-34　"亮度/对比度"对话框

图7-35　调整后的效果

> **提　示**
>
> 　　除了上述方法外，还可以通过在"属性"面板中单击"亮度/对比度"按钮，如图7-36所示，打开"亮度/对比度"对话框。
>
>
>
> 图7-36　单击"亮度和对比度"按钮

7.2.6　锐化图像

　　锐化能增加对象边缘像素的对比度，使图像模糊的地方层次分明，从而增加图像的清晰度。

01　继续上面的操作，选择要进行锐化的图像，在菜单栏中执行"修改"|"图像"|"锐化"命令，如图7-37所示。

02　在弹出的对话框中单击"确定"按钮，再在弹出的对话框中将"锐化"设置为"7"，如图7-38所示。

03　设置完成后，单击"确定"按钮，即可对选中的对象进行锐化，锐化前与锐化后的效果如图7-39所示。

图7-37　执行"锐化"命令

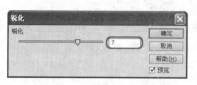

图7-38 "锐化"对话框　　　　图7-39 锐化前与锐化后的效果

提　示

提示：除了上述方法外，还可以通过在"属性"面板中单击"锐化"按钮，如图7-40所示，打开"锐化"对话框。

图7-40 单击"锐化"按钮

7.3 图像对象

在Dreamweaver CS6中，可以根据需要在文档窗口中添加背景图像，并插入一些图像对象，例如图像占位符、鼠标经过图像等。

7.3.1 添加背景图像

下面介绍如何在Dreamweaver CS6中添加背景图像，其具体操作步骤如下所述。

01 启动Dreamweaver CS6，在"属性"面板中单击"页面属性"按钮　页面属性...，如图7-41所示。

02 执行该操作后，即可打开"页面属性"对话框，在该对话框中选择"外观（HTML）"选项，如图7-42所示。

图7-41 单击"页面属性"按钮　　　图7-42 选择"外观（HTML）"选项

03 在该对话框中单击"背景图像"右侧的"浏览"按钮，在弹出的对话框中选择随书附带光盘中的"源文件\素材\第7章\素材04.jpg"素材文件，如图7-43所示。

04 选择完成后，单击"确定"按钮，返回"页面属性"对话框，单击"确定"按钮，即可添加背景图像，效果如图7-44所示。

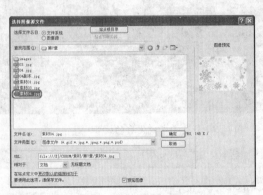

图7-43　选择素材文件　　　　　　　　　　图7-44　添加背景图像后的效果

▶ 7.3.2　添加图像占位符

在布局页面时，有时需插入的图像还没制作好，为了整体页面效果统一，可以使用图像占位符替代图片的位置，网页布局好后，再插入相应的图像。

实例：添加图像占位符

源　文　件：	源文件\场景\第7章\添加图像占位符.html
视频文件：	视频\第7章\7.3.2.avi

下面介绍如何添加图像占位符，其具体操作步骤如下所述。

01 启动Dreamweaver CS6，按Ctrl+O组合键，在弹出的对话框中选择随书附带光盘中的"源文件\素材\第7章\素材05.html"文件，如图7-45所示。

02 选择完成后，单击"打开"按钮，即可将选中的素材文件打开，效果如图7-46所示。

图7-45　选择素材文件　　　　　　　　　　图7-46　打开的素材文件

03 将光标置入到要插入图像占位符的单元格中，如图7-47所示。

04 在菜单栏中执行"插入"|"图像对象"|"图像占位符"命令，如图7-48所示。

05 执行该操作后，即可打开"图像占位符"对话框，在该对话框中将"名称"设置为"tx1"，将"宽度"和"高度"分别设置为"190"、"146"，如图7-49所示。

图7-47　将光标置入到单元格中　　　图7-48　执行"图像占位符"命令　　图7-49　"图像占位符"对话框

06 设置完成后，单击"确定"按钮，即可插入一个图像占位符，如图7-50所示。

07 再次将光标置入到其右侧的单元格中，在菜单栏中执行"插入"|"图像对象"|"图像占位符"命令，在弹出的对话框中将"名称"设置为"tx2"，"宽度"和"高度"分别设置为"190"、"146"，如图7-51所示。

 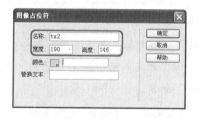

图7-50　插入图像占位符后的效果　　　　　　图7-51　设置图像占位符

08 设置完成后，单击"确定"按钮，即可再次插入图像占位符，效果如图7-52所示。

09 使用同样的方法插入其他图像占位符，效果如图7-53所示。对该场景进行保存即可。

图7-52　添加第二个图像占位符　　　　　　图7-53　插入其他图像占位符后的效果

▶ 7.3.3　制作鼠标经过图像

　　鼠标经过图像效果由两张图片组成，正常显示为原始图像，当鼠标经过时显示另一张图像，

鼠标离开后又恢复为原始图像。

实例：制作鼠标经过图像

源 文 件：	源文件\场景\第7章\制作鼠标经过图像.html
视频文件：	视频\第7章\7.3.3.avi

下面介绍如何制作鼠标经过图像，其具体操作步骤如下所述。

01 启动Dreamweaver CS6，按Ctrl+O组合键，在弹出的对话框中选择随书附带光盘中的"源文件\素材\第7章\素材06.html"文件，如图7-54所示。

02 选择完成后，单击"打开"按钮，即可将选中的素材文件打开，效果如图7-55所示。

图7-54 选择素材文件

图7-55 打开的素材文件

03 将光标置入到要插入图像的单元格中，如图7-56所示。

04 在"常用"插入面板中单击"图像"右侧的下三角按钮，在弹出的下拉列表中执行"鼠标经过图像"命令，如图7-57所示。

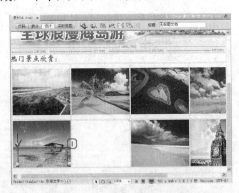

图7-56 将光标置入到表格中

图7-57 执行"鼠标经过图像"命令

05 在弹出的对话框中单击"原始图像"右侧的"浏览"按钮，在弹出的对话框中选择随书附带光盘中的"源文件\素材\第7章\44695.jpg"文件，如图7-58所示。

06 选择完成后，单击"确定"按钮，返回至"插入鼠标经过图像"对话框中，在该对话框中单击"鼠标经过图像"右侧的"浏览"按钮，如图7-59所示。

07 在弹出的对话框中选择随书附带光盘中的"源文件\素材\第7章\复件 44695.jpg"文件，如图7-60所示。

08 选择完成后，单击"确定"按钮，返回至"插入鼠标经过图像"对话框中，单击"确定"按

钮，选中插入的图像，在"属性"面板中将"宽"和"高"分别设置为"190"、"146"，如
图7-61所示。

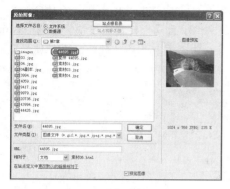

图7-58 选择素材文件

图7-59 单击"浏览"按钮

图7-60 选择素材文件

图7-61 设置图像的大小

09 对场景进行保存，按F12键预览效果，鼠标经过前的图像如图7-62左图所示。鼠标经过后的图像，如图7-62右图所示。

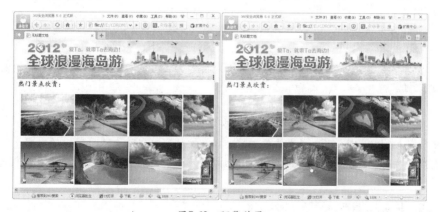

图7-62 预览效果

7.4 插入多媒体

在Dreamweaver CS6中，可以根据需要插入不同的媒体对象，其中包括SWF动画、FLV视频、Applet、ActiveX控件等媒体文件。本节介绍如何插入几个常用的媒体文件。

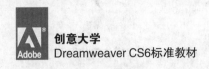
7.4.1 插入Flash动画

在Dreamweaver CS6中，可以根据需要插入Flash动画。Flash技术是传递基于矢量的图形和动画的首选解决方案，与Shockwave电影相比，其优势是文件小且网上传输速度快。当将Flash动画插入到文档窗口中时，选择该对象，即可在"属性"面板中查看其相应的属性，其"属性"面板如图7-63所示。

图7-63 Flash动画的"属性"面板

其中各个选项的功能如下所述。

- "Flash ID"文本框：可以输入Flash动画的名称，便于在脚本中识别。
- "宽"和"高"文本框：用于设置插入Flash动画的宽度和高度。
- "源文件"文本框：在该对话框中将显示Flash动画的文件路径和文件名。
- "编辑"按钮 编辑 (E)：单击该按钮后，会弹出外部编辑器编辑Flash文件。
- "垂直边距"和"水平边距"文本框：用于设置Flash动画的上下或左右边距。
- "品质"下拉列表：用于设置Flash动画的质量，其中包括"低品质"、"自动低品质"、"自动高品质"和"高品质"4个选项。
  - "低品质"选项：重视速度而非外观。
  - "自动低品质"选项：重视速度，但如有可能，则改善外观。
  - "自动高品质"选项：统盘考虑这两种品质，但根据需要，可能会因为重视速度而影响外观。
  - "高品质"选项：重视外观而非速度。
- "比例"下拉列表：用于设置缩放比例，有"默认(全部显示)"、"无边框"和"严格匹配"3个选项。
  - "默认(全部显示)"选项：使在指定区域中可以看到整个SWF文件，同时保持SWF文件的比例避免扭曲，背景颜色的边框可以出现在SWF文件的两侧。
  - "无边框"选项：近似于"默认(全部显示)"选项，只是SWF文件的某些部分可能会被裁剪掉。
  - "严格匹配"选项：整个SWF文件将填充指定区域，但不保持SWF。文件的比例可能会出现扭曲。
- "对齐"下拉列表：用于设置Flash动画在网页中的对齐方式。
- "背景颜色"文本框：用于设置Flash动画区域的背景颜色。
- "播放"按钮 ▶ 播放 ：单击该按钮，可以在文档窗口中预览Flash动画的内容。
- "参数"按钮 参数… ：单击该按钮，打开"参数"对话框，可以在该对话框中设置相应的参数。

实例：插入Flash动画

源 文 件：	源文件\场景\第7章\插入Flash动画.html
视频文件：	视频\第7章\7.4.1.avi

下面介绍如何插入Flash动画，其具体操作步骤如下所述。

01 启动Dreamweaver CS6，按Ctrl+O组合键，在弹出的对话框中选择随书附带光盘中的"源文件\素材\第7章\素材07.html"文件，如图7-64所示。

02 选择完成后，单击"打开"按钮，即可将选中的素材文件打开，效果如图7-65所示。

<table>
<tr><td>图7-64　选择素材文件</td><td>图7-65　打开的素材文件</td></tr>
</table>

03 将光标置入到要插入Flash动画的单元格中，在菜单栏中执行"插入"|"媒体"|"SWF"命令，如图7-66所示。

04 在弹出的对话框中选择随书附带光盘中的"源文件\素材\第7章\动画.swf"文件，如图7-67所示。

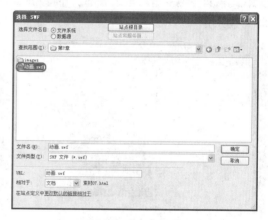

<table>
<tr><td>图7-66　执行"SWF"命令</td><td>图7-67　选择素材文件</td></tr>
</table>

05 选择完成后，单击"确定"按钮，即可将选中的素材文件插入到文档窗口中，效果如图7-68所示。

06 对该文件进行保存，按F12键预览效果，如图7-69所示。

<table>
<tr><td>图7-68　插入Flash动画后的效果</td><td>图7-69　预览效果</td></tr>
</table>

🔍 **提 示**

除了上述方法之外，还可以在"常用"插入面板中单击"媒体"图标。在弹出的对话框中选择需要插入的文件即可。

▶ 7.4.2 插入声音

上网时，有时打开一个网站就会响起动听的音乐，这是因为该网页中添加了背景音乐。在Dreamweaver CS6中添加背景音乐需要在代码视图中进行。

在Dreamweaver CS6中可以插入的声音文件类型有mp3、wav、midi、aif、ra和ram等。其中，mp3、ra和ram等为压缩格式的音乐文件；midi是通过计算机软件合成的音乐，其文件较小，不能被录制；wav和aif文件可以进行录制。播放wav、aif和midi等文件不需要插件。

本节介绍如何在Dreamweaver CS6中插入声音，其具体操作步骤如下所述。

01 继续上面的操作，在文档工具栏中单击"拆分"按钮 拆分 ，将在文档窗口中显示出代码视图窗口，如图7-70所示。

02 拖动代码窗口左侧的滑块至最底部，并将光标置入</body>标记的后面，输入"<bgsound"，如图7-71所示。

图7-70 显示的"拆分"代码视图

图7-71 输入代码

03 按一下空格键，在弹出的列表中双击"src"，如图7-72所示。

04 再在弹出的下拉列表中双击"浏览"命令，如图7-73所示。

图7-72 双击"src"

图7-73 双击"浏览"命令

05 在弹出的对话框中选择随书附带光盘中的"源文件\素材\第7章\背景音乐.WAV"文件,如图7-74所示。

06 选择完成后,单击"确定"按钮,即可插入选中的音乐。在"拆分"代码视图音频文件路径的后面输入">",如图7-75所示。

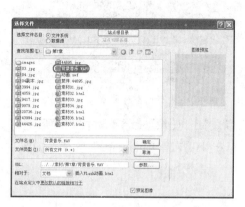

图7-74 选择素材文件

图7-75 输入代码

07 对完成后的场景进行保存,按F12键预览效果即可。

7.5 拓展练习——使用多媒体美化网页

源 文 件:	源文件\场景\第7章\使用多媒体美化网页.html
视频文件:	视频\第7章\7.5.avi

本实例将介绍如何使用本章所介绍的知识美化网页,效果如图7-76所示,其具体操作步骤如下所述。

01 启动Dreamweaver CS6,在菜单栏中执行"文件"|"打开"命令,如图7-77所示。

图7-76 房地产网站

图7-77 执行"打开"命令

02 在弹出的对话框中选择随书附带光盘中的"源文件\素材\第7章\素材08.html"文件,如图7-78所示。

03 选择完成后，单击"打开"按钮，即可将选中的素材文件打开，效果如图7-79所示。

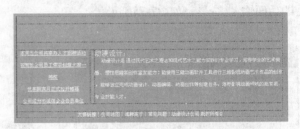

图7-78　选择素材文件　　　　　　　　　　图7-79　打开的素材文件

04 将光标置入到第一行单元格中，在菜单栏中执行"插入"|"图像"命令，如图7-80所示。

05 在弹出的对话框中选择随书附带光盘中的"源文件\素材\第7章\ banner.jpg"文件，如图7-81所示。

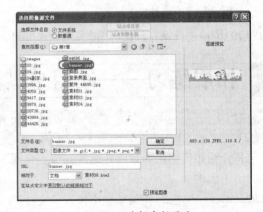

图7-80　执行"图像"命令　　　　　　　　图7-81　选择素材图片

06 选择完成后，单击"确定"按钮，即可将素材文件插入到单元格中，效果如图7-82所示。

07 将光标置入到第二行单元格中，在菜单栏中执行"插入"|"布局对象"|"AP Div"命令，如图7-83所示。

图7-82　将素材文件插入到单元格中　　　　图7-83　执行"AP Div"命令

08 执行该操作后，即可插入一个AP Div，将其选中，在"属性"面板中将"左"、"上"分别设置为"163"、"91"，"宽"、"高"分别设置为"680"、"47"，如图7-84所示。

09 将光标置入AP Div中，在菜单栏中执行"插入"|"表格"|命令，如图7-85所示。

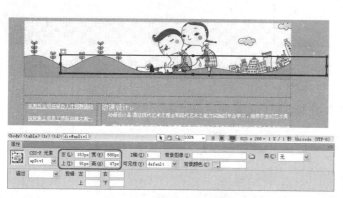

图7-84　设置AP Div位置及大小

图7-85　执行"表格"命令

10 在弹出的对话框中将"行数"和"列"都设置为"1"，"表格宽度"设置为"683像素"，如图7-86所示。

11 设置完成后，单击"确定"按钮，即可插入一个一行一列的单元格，将光标置入到该单元格中，在菜单栏中执行"插入"|"媒体"|"插件"命令，如图7-87所示。

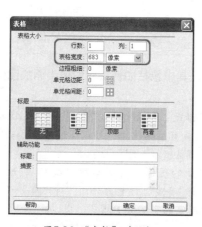

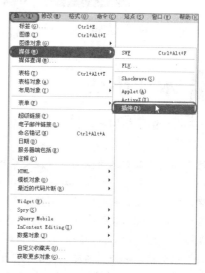

图7-86　"表格"对话框

图7-87　执行"插件"命令

12 在弹出的对话框中选择随书附带光盘中的"源文件\素材\第7章\导航栏.swf"文件，如图7-88所示。

13 选择完成后，单击"确定"按钮，将其插入到单元格中，效果如图7-89所示。

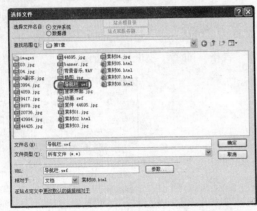

图7-88 选择素材文件

图7-89 插入Flash动画

14 使用同样的方法插入其他对象,并对其进行相应设置,效果如图7-90所示。

15 插入完成后,按F12键预览效果,并对完成后的场景进行保存。

图7-90 插入其他对象

7.6 本章小结

　　本章主要介绍了如何通过图像与多媒体美化网页,其中包括如何编辑图像、添加图像对象、插入多媒体等。

- 选中要进行裁剪的图像文件,在菜单栏中执行"修改"|"图像"|"裁剪"命令,系统会弹出一个提示对话框,单击"确定"按钮,图像进入裁剪编辑状态,可以通过移动裁剪窗口,或者调整裁剪控制点选择图像裁剪区域,按Enter键确认。

- 在Dreamweaver CS6中选择要调整亮度/对比度的图像,在菜单栏中执行"修改"|"图像"|"亮度/对比度"命令,在弹出的对话框中将"亮度"设置为35,"对比度"设置为24,设置完成后,单击"确定"按钮,即可调整选中图像的亮度/对比度。

- 打开要添加音乐的文档,在文档工具栏中单击"拆分"按钮 拆分 ,将在文档窗口中显示出代码视图窗口,拖动代码窗口左侧的滑块至最底部,并将光标置入</body>标记的后面,输入"<bgsound",按一下空格键,在弹出的列表中双击"src",再在弹出的下拉列表中双击"浏览"文字,在弹出的对话框中选择要添加的音乐,单击"确定"按钮,即可插入选中的音乐。在"查分"代码视图中音频文件路径的后面输入">"。

7.7 课后习题

1. 选择题

（1）在Dreamweaver CS6中可以按（　　）组合键插入图像。

　　A. Ctrl+Alt+A　　　　B. Ctrl+Alt+D　　　　C. Ctrl+Alt+I　　　　D. Ctrl+Alt+C

（2）JPEG文件的扩展名为（　　）或.jpeg。

　　A. .jpg　　　　　　　B. .jgp　　　　　　　C. .pgj　　　　　　　D. .gpj

2. 填空题

（1）GIF是用于压缩具有_____和_____的图像（如线状图、徽标或带文字的插图）的标准格式。

（2）亮度和对比度的值为负值时，图像的亮度和对比度_____。

3. 判断题

（1）JPEG格式图片因其高保真性、透明性及文件体积较小等特性，被广泛应用于网页设计和平面设计中。（　　）

（2）当对Dreamweaver中的图像进行裁剪后，同时站点文件夹中的素材文件也会发生变化。（　　）

4. 上机操作题

根据本章介绍的内容制作透明Flash背景，效果如图7-91所示。

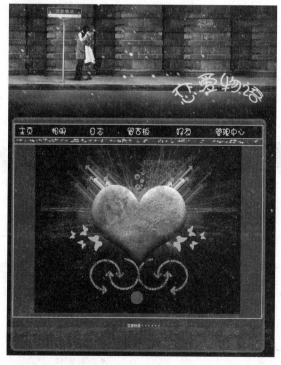

图7-91　制作透明Flash背景

第8章
使用CSS样式修饰页面

在Dreamweaver CS6中，可以根据需要对网页中对象的样式进行定义，CSS样式可以对文档进行精细的页面美化，还可以保持网页风格的一致性，达到统一的效果，并且便于调整修改，更降低了网页编辑和修改的工作量。

学习要点

- 熟悉CSS样式面板
- 掌握定义CSS样式的属性
- 掌握编辑CSS样式的方法
- 掌握使用CSS过滤器的方法

8.1 "CSS样式"面板

如今，网页排版格式越来越多，已成为当前网页设计中不可缺少的技术。利用其可以有效地对页面的布局、字体、颜色、背景以及其他效果实现更加精确地控制、维护及更新。

在Dreamweaver CS6中，可以在CSS面板中创建、编辑和删除CSS样式，还可以添加外部样式到文档中。使用"CSS样式"面板可以查看文档所有CSS规则和属性，也可以查看所选择页面元素的CSS规则和属性。

在菜单栏中执行"窗口"|"CSS样式"命令，如图8-1所示。或按Shift+F11组合键，即可打开"CSS样式"面板。在"CSS样式"面板中会显示已有的CSS样式，如图8-2所示。

"CSS样式"面板中各个选项的功能如下所述。

- "显示类别视图"按钮 ▦：单击该按钮后，Dreamweaver CS6会将CSS属性分为18个类别，其中包括字体、背景、区块、边框、方框、列表、定位和扩展名等，如图8-3所示，每个类别的属性都包含在一个列表中，可以单击类别名称旁边的加号 (+) 按钮展开或折叠它。所被设置的属性将变色显示在列表的顶部，如图8-4所示。

图8-1 执行"CSS样式"命令

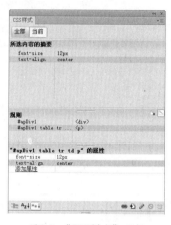

图8-2 "CSS样式"面板

图8-3 显示类别视图

- "显示列表视图"按钮 ᴬᶻ↓：单击该按钮后，Dreamweaver CS6会按字母顺序显示支持的所有CSS属性，如图8-5所示。
- "只显示设置属性"按钮 ＊＊↓：单击该按钮后，将只显示所设置的属性，如图8-6所示。

图8-4 设置的属性显示在列表顶部

图8-5 显示列表视图

图8-6 只显示设置属性

- "附加样式表"按钮 ： 单击该按钮后，将会打开"链接外部样式表"对话框，如图8-7所示，可以在该对话框中选择要链接到或导入到当前文档中的外部样式表。

- "新建 CSS 规则"按钮 ： 单击该按钮后，即可打开"新建CSS规则"对话框，如图8-8所示。可以在该对话框中设置创建的样式类型（例如，创建类样式、重新定义HTML标签或定义CSS选择器）。

图8-7 "链接外部样式表"对话框

- "编辑样式"按钮 ： 单击该按钮后，会弹出一个对话框，可以在该对话框中进行相应的设置。

- "禁用/启用CSS属性"按钮 ： 可以通过单击该按钮来禁用或启用CSS样式。图8-9所示为禁用CSS样式时的效果。

- "删除 CSS 规则"按钮 ： 可以通过该按钮来删除选中的CSS样式，如图8-10所示。

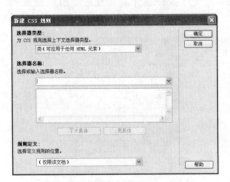

图8-8 "新建CSS规则"对话框

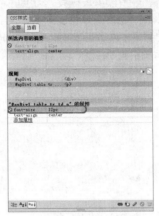

图8-9 禁用CSS样式时的效果

图8-10 单击"删除"按钮

8.2 定义CSS样式的属性

在Dreamweaver CS6中，可将CSS样式属性分为9大类型，其中包括类型、背景、区块、方框、边框、列表、定位、扩展和过渡。下面简单介绍如何创建CSS样式以及CSS样式的相关属性。

▶ 8.2.1 创建CSS样式

在Dreamweaver中要想实现页面的布局、字体、颜色、背景等效果，首先要创建CSS样式。下面进行详细介绍。

01 在菜单栏中执行"格式"|"CSS样式"|"新建"命令，如图8-11所示。

02 执行该操作后，系统将自动弹出"新建CSS规则"对话框，如图8-12所示。

03 在该对话框中输入"选择器名称"，如图8-13所示。

04 设置完成后，单击"确定"按钮，即可打开".wz的CSS规则定义"对话框，如图8-14所示。

还可以在"新建CSS规则"对话框中选择CSS规则的选择器类型，其中各个类型的功能如下所述。

- 类（可应用于任何HTML元素）：可以创建一个作为class属性应用于任何HTML元素的自定义样式。类名称必须以英文字母或句点开头，不可包含空格或其他符号。
- ID（仅应用于一个HTML元素）：用于定义包含特定ID属性的标签的格式。ID名称必须以英文字母开头，Dreamweaver将自动在名称前添加#，不可包含空格或其他符号。
- 标签（重新定义HTML元素）：重新定义特定HTML标签的默认格式。
- 复合内容（基于选择的内容）：定义同时影响两个或多个标签、类或ID的复合规则。
- 仅限该文档：在当前文档中嵌入样式。
- 新建样式表文件：创建外部样式表。

图8-11 执行"新建"命令

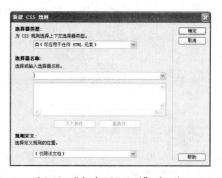

图8-12 "新建CSS规则"对话框

图8-13 输入选择器名称

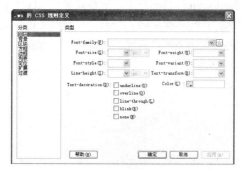

图8-14 ".wz的CSS规则定义"对话框

> **提 示**
>
> 除了上述方法之外，还可以通过在"属性"面板中单击"编辑规则"按钮 编辑规则 ，新建CSS样式。

8.2.2 "类型"选项

在"CSS规则定义"对话框中选择"分类"列表框中的"类型"选项，则右侧显示在该类别中主要包含文字的字体、颜色及字体的风格等设置，如图8-15所示。

其中该对话框中各个选项的功能如下所述。

- Font-family：可以在该下拉列表中选择需要字体。

图8-15 "类型"选项

🔍 提 示

如果需要的字体在"Font-family"列表中没有，则可以单击其右侧的下三角按钮，在弹出的快捷菜单中执行"编辑字体列表"命令，如图8-16所示，打开"编辑字体列表"对话框，在该对话框中的"可用字体"列表框中选择需要的字体，然后单击 ≪ 按钮，将其添加至"选择的字体"列表框中，如图8-17所示，单击"确定"按钮，即可将该字体添加到"Font-family"列表中。

图8-16　执行"编辑字体列表"命令　　　　　　　　图8-17　添加字体

- Font-size：用于调整文本的大小，常用的单位是"像素"（px），可以通过选择数字和度量单位选择特定的大小，同样也可以在该下拉列表中选择需要的大小，如图8-18所示。
- Font-style：用于设置字体的风格，在该下拉列表框中包含"normal（正常）"、"italic（斜体）"和"oblique（偏斜体）"3种字体样式，如图8-19所示。

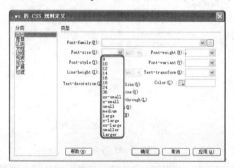

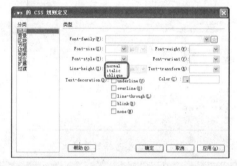

图8-18　"Font-size"下拉列表　　　　　　　　图8-19　"Font-style"下拉列表

- Line-height：用于控制行与行之间的垂直距离，也就是设置文本所在行的高度。在选择"normal"选项时，系统将自动计算字体大小的行高。如果在选择"值"时，可以在其右侧的下拉列表中选择相应的度量单位，如图8-20所示。
- Font-weight：对字体应用特定或相对的粗体量。在该下拉列表框中可以根据需要对其进行相应设置，如图8-21所示。

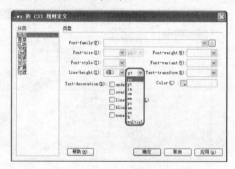

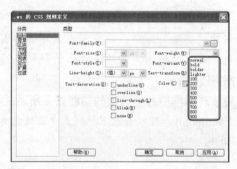

图8-20　"Line-height"下拉列表　　　　　　　　图8-21　"Font-weight"下拉列表

- Font-variant：用于设置文本的小型大写字母。可根据需要在其下拉列表中选择相应的选项，如图8-22所示。
- Text-transform：将所选内容中的每个单词的首字母大写或将文本设置为全部大写或小写。可根据需要在其下拉列表中选择相应的选项，如图8-23所示。

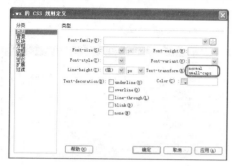
图8-22　"Font-variant"下拉列表

图8-23　"Text-transform"下拉列表

- Color：可以在"Color"下拉列表中选择用于设置文本的颜色，如图8-24所示。
- Text-decoration：可以在该选项区域中选中不同的复选框，从而为文本添加下画线、上画线、删除线或使文本闪烁。可根据需要进行设置，如图8-25所示。

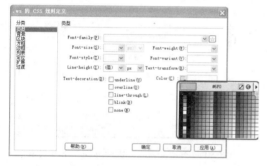
图8-24　"Color"下拉列表

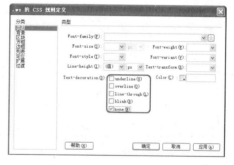
图8-25　设置文本显示状态

▶ 8.2.3　"背景"选项

在"CSS规则定义"对话框中选择"分类"列表框中的"背景"选项，则右侧显示在该类别中主要用于在网页元素后面添加背景色或图像，如图8-26所示。

其中各个选项的功能如下所述。

- Background-color：可以通过该下拉列表选择需要的颜色，如图8-27所示。
- Background-image：可以通过该文本框设置背景图像。单击"浏览"按钮后，将会弹出"选择图像源文件"对话框，可以从该对话框中选择背景图片，如图8-28所示。
- Background-repeat：用于设置是否以及如何重复背景图像。其中包括4个选项，如图8-29所示。其中各个选项的功能如下所述。
  - no-repeat（不重复）：只在元素开始处显示一次图像。
  - repeat（重复）：在元素后面水平和垂直平铺图像。

图8-26　"背景"选项

■ repeat-x（横向重复）和repeat-y（纵向重复）：分别显示图像的水平带区和垂直带区。图像被剪裁以适合元素的边界。

- Background-attachment：用于设置背景图像是固定在其原始位置还是随内容一起滚动。可根据需要进行设置，如图8-30所示。此外，某些浏览器可能将"固定"选项视为滚动。Internet Explorer支持该选项，但Netscape Navigator不支持。

- Background-position（X/Y）：指定背景图像相对于元素的初始位置。

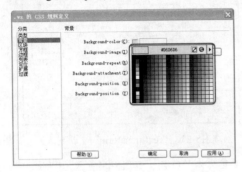

图8-27 "Background-color"下拉列表

图8-28 "选择图像源文件"对话框

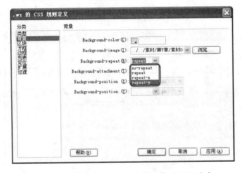

图8-29 "Background-repeat"下拉列表

图8-30 "Background-attachment"下拉列表

▶ 8.2.4 "区块"选项

在"CSS规则定义"对话框中选择"分类"列表框中的"区块"选项，则右侧显示在该类别中可以对标签和属性的间距与对齐进行设置，如图8-31所示。

其中各个选项的功能如下所述。

- Word-spacing：该选项用于调整文字间的距离。如果要设定精确的值，可在该选项设置为"（值）"时输入相应的数值，并可在右侧的下拉列表中选择相应的度量单位，如图8-32所示。

图8-31 "区块"选项

图8-32 "Word-spacing"下拉列表

- Letter-spacing：用于增加或减小字母或字符的间距。字母间距的设置将覆盖对齐的文本设置。其作用与字符间距相似。同样可以根据需要在其右侧的下拉列表中选择度量单位，如图8-33所示。
- Vertical-align：用于指定应用此属性的元素的垂直对齐方式。可以在该下拉列表中选择不同的对齐方式，如图8-34所示。

图8-33　选择度量单位　　　　　图8-34　"Vertical-align"下拉列表

- Text-align：用于设置文本在元素内的对齐方式。在其下拉列表中，包括四个选项，"left"是指左对齐，"right"是指右对齐，"center"是指居中对齐，"justify"是指调整使全行排满，使每行排齐。可以根据需要选择不同的选项，如图8-35所示。
- Text-indent：指定第一行文本的缩进程度。可以使用负值创建凸出，并可根据需要进行设置，如图8-36所示。但显示方式取决于浏览器。仅当标签应用于块级元素时，Dreamweaver才在文档窗口中显示。

图8-35　"Text-align"下拉列表　　　　　图8-36　选择缩进单位

- White-space：确定如何处理元素中的空白。Dreamweaver不在文档窗口中显示此属性。在下拉列表中可以选择以下3个选项。"normal"选项表示收缩空白；"pre"选项表示其处理方式与文本被括在pre标签中一样（即保留所有空白，包括空格、制表符和回车）；"nowrap"选项表示指定仅当遇到br标签时文本才换行。可根据需要进行设置，如图8-37所示。
- Display：指定是否显示以及如何显示元素。"none"选项表示禁用该元素的显示。可根据需要进行设置，如图8-38所示。

图8-37　"White-space"下拉列表　　　　　图8-38　"Display"下拉列表

8.2.5 "方框"选项

在"CSS规则定义"对话框中选择"分类"列表框中的"方框"选项，则右侧显示在该类别中主要用于设置元素在页面上的放置方式的标签和属性，如图8-39所示。

其中各个选项的功能如下所述。

- Width和Height：用于设置元素的宽度和高度。可以在选择"（值）"选项后，在其右侧的下拉列表中选择度量单位，如图8-40所示。

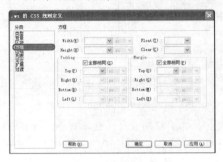 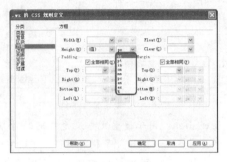

图8-39 "方框"选项　　　　　　　　图8-40 选择度量单位

- Float：用于设置其他元素（如文本、AP Div、表格等）围绕元素的哪个边浮动。其他元素按通常的方式环绕在浮动元素的周围。可根据需要进行设置，如图8-41所示。
- Clear：用于清除设置的浮动效果。可根据需要进行设置，如图8-42所示。

图8-41 "Float"下拉列表　　　　　　图8-42 "Clear"下拉列表

- Padding：指定元素内容与元素边框之间的间距大小。取消选中"全部相同"复选框可设置元素各个边框之间的大小。可根据需要进行设置，如图8-43所示。
- Margin：指定一个元素的边框与另一个元素之间的间距。仅当该属性应用于块级元素（段落、标题、列表等）时，Dreamweaver才会在文档窗口中显示它。取消选中"全部相同"复选框可设置元素的"上"、"右"、"下"、"左"各个边的边距。可根据需要进行设置，如图8-44所示。

 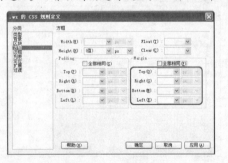

图8-43 "Padding"选项组　　　　　　图8-44 "Margin"选项组

8.2.6 "边框"选项

在"CSS规则定义"对话框中选择"分类"列表框中的"边框"选项，则右侧显示在该类别中主要用于设置元素周围的边框，如图8-45所示。

其中各个选项的功能如下所述。

- Style：用于设置边框的样式外观。样式的显示方式取决于浏览器。取消选中"全部相同"复选框可设置元素各个边的边框样式。可根据需要进行设置，如图8-46所示。

图8-45 "边框"选项

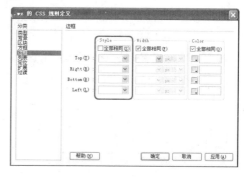

图8-46 "Style"选项组

- Width：用于设置元素边框的粗细。取消选中"全部相同"复选框可设置元素各个边的边框宽度。可根据需要进行设置，如图8-47所示。
- Color：用于设置边框的颜色。可以分别设置每条边的颜色，但显示方式取决于浏览器。取消选中"全部相同"复选框可设置元素各个边的边框颜色。可根据需要进行设置，如图8-48所示。

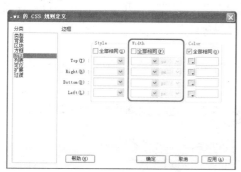

图8-47 "Width"选项组

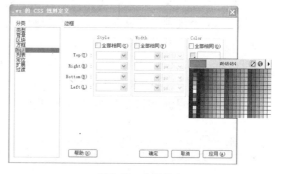

图8-48 选择颜色

8.2.7 "列表"选项

在"CSS规则定义"对话框中选择"分类"列表框中的"列表"选项，则右侧显示在该类别中主要定义CSS规则的列表样式，如图8-49所示。

从中可以对以下内容进行设置。

- List-style-type：用于设置项目符号或编号的外观。可根据需要进行设置，如图8-50所示。
- List-style-image：可以为项目符号指定自定义图像。单击"浏览"按钮，在弹出的对话框中选择图像，如图8-51所示，或在文本框中键入图像的路径，即可指定自定义图像。
- List-style-position：用于描述列表的位置。可根据需要进行设置，如图8-52所示。

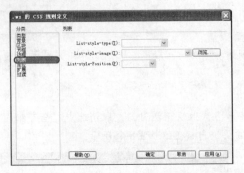

图8-49 "列表"选项

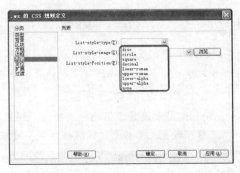

图8-50 "List-style-image"下拉列表

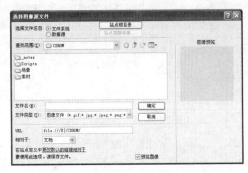

图8-51 "选择图像源文件"对话框

图8-52 "List-style-position"下拉列表

8.2.8 "定位"选项

在"CSS规则定义"对话框中选择"分类"列表框中的"定位"选项，则在右侧显示在该类别中可以定义CSS规则的定位样式。使其能够精确地控制网页中的元素，如图8-53所示。

从中可以对以下内容进行设置。

- Position：用于确定浏览器应如何来定位选定的元素。在其下拉列表中，包括4个选项，如图8-54所示。其中各个选项的功能如下所述。

图8-53 "定位"选项

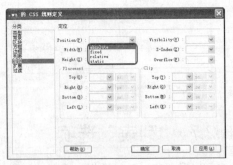

图8-54 "Position"下拉列表

- absolute：是指使用定位框中输入的、相对于最近的绝对或相对定位上级元素的坐标（如果不存在绝对或相对定位的上级元素，则为相对于页面左上角的坐标）来放置内容。
- fixed：是指使用定位框中输入的、相对于区块在文档文本流中的位置的坐标来放置内容区块。
- relative：是指使用定位框中输入的坐标（相对于浏览器的左上角）来放置内容。当滚动页面时，内容将在此位置保持固定。

- static：是指将内容放在其在文本流中的位置。这是所有可定位的HTML元素的默认位置。
- Visibility：用于控制网页中元素的隐藏。可以根据需要对其进行设置，如图8-55所示。其中各个选项的功能如下所述。
  - inherit：选择该选项后，继承内容父级的可见性属性。
  - visible：选择该选项后，将显示内容，而与父级的值无关。
  - hidden：选择该选项后，将隐藏内容，而与父级的值无关。

图8-55 "Visibility" 下拉列表

- Z-Index：用于网页中内容的叠放顺序，并可设置重叠效果。可以根据需要对其进行设置，还可以在选择"值"选项后设置其参数，如图8-56所示。
- Overflow：确定当容器的内容超出容器的显示范围时的处理方式。可以在该下拉列表中选择所需的选项，如图8-57所示。其中各个选项的功能如下所述。
  - visible：将增加容器的大小，以使其所有内容都可见。容器将向右下方扩展。
  - hidden：保持容器的大小并剪辑任何超出的内容。不提供任何滚动条。
  - scroll：将在容器中添加滚动条，而不论内容是否超出容器的大小。明确提供滚动条可避免滚动条在动态环境中出现和消失所引起的混乱。该选项不显示在文档窗口中。
  - auto：将使滚动条仅在容器的内容超出容器的边界时才出现。该选项不显示在文档窗口中。

图8-56 输入参数

图8-57 "Overflow" 下拉列表

- Placement：用于设置元素的绝对定位类型，并且在设定完该类型后，该选项区域的属性将决定元素在网页中的具体位置。可以根据需要对其进行设置，如图8-58所示。
- Clip：定义内容的可见部分。如果指定了剪辑区域，则可以通过脚本语言访问它，并操作属性以创建像擦除这样的特殊效果。使用"改变属性"行为可以设置擦除效果。可以根据需要对其进行设置，如图8-59所示。

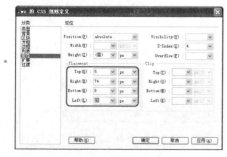

图8-58 "Placement" 选项组

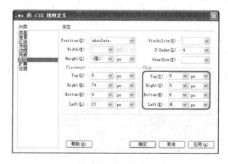

图8-59 "Clip" 选项组

创意大学
Dreamweaver CS6标准教材

▶ 8.2.9 "扩展"选项

在"CSS规则定义"对话框中选择"分类"列表框中的"扩展"选项，则右侧显示在该类别中可以设置CSS的规则样式，如图8-60所示。

其中各个选项的功能如下所述。

- Page-break-before、Page-break-after：表示属性名为之前和属性名为之后。
- Cursor：当指针位于样式所控制的对象上时改变指针图像。可以根据需要对其进行设置，如图8-61所示。

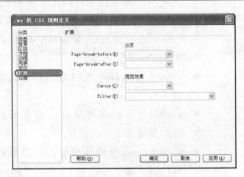

图8-60 "扩展"选项

- Filter：用于对样式所控制的对象应用特殊效果。从弹出的下拉列表中添加各种特殊的过滤器效果。可以根据需要对其进行设置，如图8-62所示。

图8-61 "Cursor"下拉列表

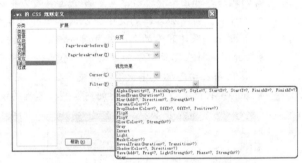

图8-62 "Filter"下拉列表

▶ 8.2.10 "过渡"选项

在"CSS规则定义"对话框中选择"分类"列表框中的"过渡"选项，如图8-63所示。可以根据需要在该对话框中进行相应的设置。

其中各个选项的功能如下所述。

- 属性：单击 + 按钮后，可以通过在弹出的下拉列表中选择添加过渡效果的CSS属性，如图8-64所示。

图8-63 "过渡"选项

图8-64 选择添加过渡效果的CSS属性

- 持续时间：用于设置过渡效果的持续时间。

- 延迟：设置过渡效果时以秒或毫秒为单位进行延迟。
- 计时功能：可以在该下拉列表中选择过渡效果样式。

8.3 编辑CSS样式

使用Dreamweaver CS6编辑文档内部或外部规则都十分方便。对文档内部样式进行修改后，该CSS样式所控制的文本立刻重新设置；对外部样式进行修改并保存后，将影响与它链接的所有文档。

▶ 8.3.1 修改CSS样式

使用以下方法可以对CSS样式进行修改。

- 在"属性"面板中的"目标规则"下拉列表中选择需要修改的样式，然后单击"编辑规则"按钮，如图8-65所示。在弹出的"CSS规则定义"对话框中进行修改。

图8-65　单击"编辑规则"按钮

- 在"CSS样式"面板中选择需要修改的CSS样式，在"属性"面板中对其进行修改，如图8-66所示。
- 在"CSS样式"面板中单击"编辑样式"按钮，如图8-67所示。

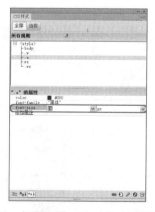

图8-66　在"属性"面板中修改CSS样式

图8-67　单击"编辑样式"按钮

⚡ 实例：修改CSS样式

源 文 件：	源文件\场景\第8章\修改CSS样式.html
视频文件：	视频\第8章\8.3.1.avi

下面介绍如何修改CSS样式，其具体操作步骤如下所述。

01 启动Dreamweaver CS6，按Ctrl+O组合键，在弹出的对话框中选择随书附带光盘中的"源文件\素材\第8章\素材01.html"文件，如图8-68所示。

02 选择完成后，单击"打开"按钮，即可将选中的素材文件打开，效果如图8-69所示。

图8-68　选择素材文件　　　　　　　　　图8-69　打开的素材文件

03 将光标置入到要进行修改的文字中，在"属性"面板中单击"编辑规则"按钮，如图8-70所示。

图8-70　单击"编辑规则"按钮

04 在弹出的对话框中选择"分类"列表中的"类型"选项，在该对话框中单击"Font-family"右侧的下三角按钮，在弹出的下拉列表中执行"编辑字体列表"命令，如图8-71所示。

05 再在弹出的对话框中选择"可用字体"列表中的"方正行楷简体"，单击《按钮，将其添加到字体列表中，如图8-72所示。

图8-71　执行"编辑字体列表"命令　　　　　图8-72　添加字体

06 添加完成后，单击"确定"按钮，再在"Font-family"下拉列表中选择"方正行楷简体"选项，如图8-73所示。

07 选择完成后，再在该对话框中将"Font-size"设置为"16px"，将"Line-height"设置为"20px"，如图8-74所示。

08 设置完成后，单击"确定"按钮，执行该操作后，即可对该CSS样式进行调整，效果如图8-75所示。对该文件进行保存，按F12键预览效果。

图8-73　选择字体

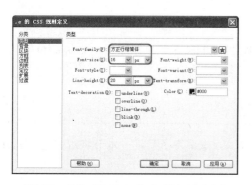

图8-74 设置"Font-size"与"Line-height"

图8-75 调整后的效果

8.3.2 删除CSS样式

在Dreamweaver CS6中，还可以通过以下3种方法将现有的CSS样式删除。

- 在"CSS样式"面板中，用鼠标右键单击需要删除的样式，在弹出的快捷菜单中执行"删除"命令，如图8-76所示。
- 在"CSS样式"面板中，选择需要删除的样式，按Delete键删除。
- 在"CSS样式"面板中，选择需要删除的样式，单击"删除CSS规则"按钮圙删除。

图8-76 执行"删除"命令

8.3.3 复制CSS样式

下面介绍如何复制CSS样式。

01 在"CSS样式"面板中，选择要复制的样式，单击鼠标右键，在弹出的快捷菜单中执行"复制"命令，如图8-77所示。

02 在弹出的"复制CSS规则"对话框中可以修改样式类型以及重命名，如图8-78所示。

03 单击"确定"按钮，即可将选中的CSS样式进行复制，效果如图8-79所示。

图8-77 执行"复制"命令

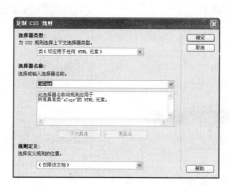

图8-78 "复制CSS规则"对话框

图8-79 复制的CSS样式

8.4 使用CSS过滤器

在Dreamweaver中，CSS过滤器能把可视化的过滤器和转换效果添加到一个标准HTML元素上。可以灵活地应用滤镜的特点，使页面变得更加美轮美奂。

▶ 8.4.1 Alpha滤镜

在Dreamweaver CS6中，Alpha滤镜主要用于设置对象的不透明度。本节将对其进行简单介绍。

⚡ 实例：Alpha滤镜

源 文 件：	源文件\场景\第8章\ Alpha.html
视频文件：	视频\第8章\ 8.4.1.avi

下面介绍如何使用Alpha滤镜，其具体操作步骤如下所述。

01 启动Dreamweaver CS6，按Ctrl+O组合键，在弹出的对话框中选择随书附带光盘中的"源文件\素材\第8章\Alpha.html"文件，如图8-80所示。

02 选择完成后，单击"打开"按钮，即可将选中的素材文件打开，效果如图8-81所示。

图8-80 选择素材文件

图8-81 打开的素材文件

03 在菜单栏中执行"格式"|"CSS样式"|"新建"命令，如图8-82所示。

04 在弹出的对话框中将"选择器名称"设置为"Alpha"，如图8-83所示。

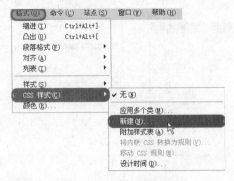

图8-82 执行"新建"命令

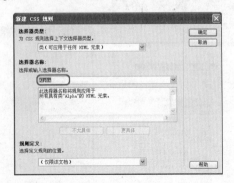

图8-83 设置选择器名称

05 设置完成后，单击"确定"按钮，再在弹出的对话框中选择"分类"列表框中的"扩展"
选项，在"Filter"下拉列表中选择"Alpha(Opacity=?, FinishOpacity=?, Style=?, StartX=?,
StartY=?, FinishX=?, FinishY=?)"选项，如图8-84所示。

06 将Opacity的值设置为"1000"，Style设置为"3"，删除其他参数，如图8-85所示。

图8-84 选择"Alpha"选项

图8-85 设置Alpha参数

07 设置完成后，单击"确定"按钮，将光标置入到要应用该样式的单元格中，按Shift+F11组合
键，在弹出的面板中选择".Alpha"，单击鼠标右键，在弹出的快捷菜单中执行"应用"命
令，如图8-86所示。

08 对场景进行保存，按F12键预览效果，如图8-87所示。

图8-86 选择"应用"命令

图8-87 预览效果

提示

Opacity参数设置用于调整图片的透明度；FinishOpacity用于设置渐变透明效果；Style用于设置
模糊类型，0为统一形状，1为线型，2为放射状，3为长方形；StartX和StartY表示渐变透明效果的起
始X、Y坐标；FinishX和FinishY表示渐变透明效果的终止X、Y坐标。

▶ 8.4.2 Blur滤镜

下面介绍如何应用Blur滤镜，其具体操作步骤如下所述。

01 启动Dreamweaver CS6，按Ctrl+O组合键，在弹出的对话框中选择随书附带光盘中的"源文件\
素材\第8章\Blur.html"文件，如图8-88所示。

02 选择完成后，单击"打开"按钮，即可将选中的素材文件打开，效果如图8-89所示。

图8-88　选择素材文件

图8-89　打开的素材文件

03　在菜单栏中执行"格式"|"CSS样式"|"新建"命令，如图8-90所示。

04　在弹出的对话框中将"选择器名称"设置为"Blur"，如图8-91所示。

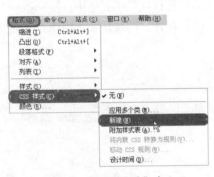

图8-90　执行"新建"命令

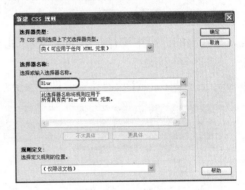

图8-91　设置选择器名称

05　设置完成后，单击"确定"按钮，再在弹出的对话框中选择"分类"列表框中的"扩展"选项，在"Filter"下拉列表中选择"Blur(Add=?，Direction=?，Strength=?)"选项，如图8-92所示。

06　将Add设置为"1"，Direction设置为"100"，Strength设置为"10"，如图8-93所示。

图8-92　选择"Blur"选项

图8-93　设置Blur参数

07　设置完成后，单击"确定"按钮，将光标置入到要应用该样式的单元格中，按Shift+F11组合键，在弹出的面板中选择".Blur"，单击鼠标右键，在弹出的快捷菜单中执行"应用"命令，如图8-94所示。

08　对场景进行保存，按F12键预览效果，效果如图8-95所示。

图8-94　执行"应用"命令

图8-95　预览效果

▶ 8.4.3　FlipH滤镜

　　FlipH滤镜主要是对选中的对象进行水平镜像，本节将对其进行简单介绍。

📎 实例：FlipH滤镜

源 文 件：	源文件\场景\第8章\ FlipH.html
视频文件：	视频\第8章\8.4.3.avi

　　下面介绍如何应用FlipH滤镜，其具体操作步骤如下所述。

01 启动Dreamweaver CS6，按Ctrl+O组合键，在弹出的对话框中选择随书附带光盘中的"源文件\素材\第8章\FlipH.html"文件，如图8-96所示。

02 选择完成后，单击"打开"按钮，即可将选中的素材文件打开，效果如图8-97所示。

图8-96　选择素材文件

图8-97　打开的素材文件

03 在菜单栏中执行"格式"|"CSS样式"|"新建"命令，如图8-98所示。

04 在弹出的对话框中将"选择器名称"设置为"FlipH"，如图8-99所示。

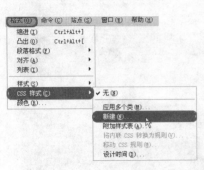

图8-98 执行"新建"命令

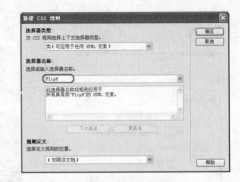

图8-99 输入FlipH

05 设置完成后，单击"确定"按钮，再在弹出的对话框中选择"分类"列表框中的"扩展"选项，在"Filter"下拉列表中选择"FlipH"选项，如图8-100所示。

06 单击"确定"按钮，将光标置入到要应用该样式的单元格中，按Shift+F11组合键，在弹出的面板中选择".FlipH"，单击鼠标右键，在弹出的快捷菜单中执行"应用"命令，如图8-101所示。

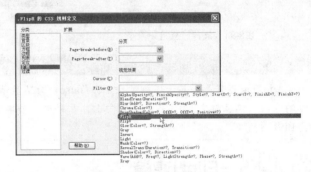

图8-100 选择"FlipH"选项

07 对场景进行保存，按F12键预览效果，如图8-102所示。

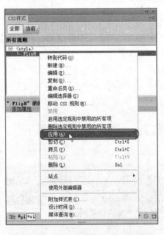

图8-101 执行"应用"命令

图8-102 预览效果

8.4.4 Glow滤镜

下面介绍如何应用Glow滤镜，其具体操作步骤如下所述。

01 启动Dreamweaver CS6，按Ctrl+O组合键，在弹出的对话框中选择随书附带光盘中的"源文件\素材\第8章\Glow.html"文件，如图8-103所示。

02 选择完成后，单击"打开"按钮，即可将选中的素材文件打开，效果如图8-104所示。

图8-103　选择素材文件

图8-104　打开的素材文件

03 在菜单栏中执行"格式"|"CSS样式"|"新建"命令，如图8-105所示。

04 在弹出的对话框中将"选择器名称"设置为"Glow"，如图8-106所示。

图8-105　执行"新建"命令

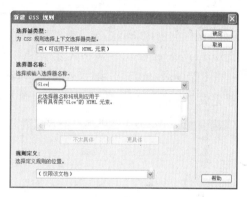

图8-106　输入Glow

05 设置完成后，单击"确定"按钮，再在弹出的对话框中选择"分类"列表框中的"扩展"选项，在"Filter"下拉列表中选择"Glow(Color=?, Strength=?)"选项，如图8-107所示。

06 将Color设置为"#ffffff"，Strength设置为"5"，如图8-108所示。

图8-107　选择"Glow"选项

图8-108　设置Glow参数

07 设置完成后，单击"确定"按钮，选中"蒲公英的约定"，按Shift+F11组合键，在弹出的面板中选择".Glow"，单击鼠标右键，在弹出的快捷菜单中执行"应用"命令，如图8-109所示。

08 对场景进行保存，按F12键预览效果，如图8-110所示。

图8-109　执行"应用"命令　　　　　　图8-110　预览效果

8.4.5　Gray滤镜

下面介绍如何应用Gray滤镜，其具体操作步骤如下所述。

01 启动Dreamweaver CS6，按Ctrl+O组合键，在弹出的对话框中选择随书附带光盘中的"源文件\素材\第8章\Gray.html"文件，如图8-111所示。

02 选择完成后，单击"打开"按钮，即可将选中的素材文件打开，效果如图8-112所示。

图8-111　选择素材文件　　　　　　图8-112　打开的素材文件

03 在菜单栏中执行"格式"|"CSS样式"|"新建"命令，如图8-113所示。

04 在弹出的对话框中将"选择器名称"设置为"Gray"，如图8-114所示。

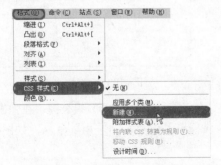

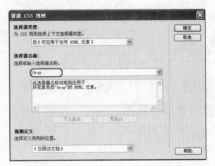

图8-113　执行"新建"命令　　　　　　图8-114　设置选择器名称

05 设置完成后，单击"确定"按钮，再在弹出的对话框中选择"分类"列表框中的"扩展"选项，在"Filter"下拉列表中选择"Gray"选项，如图8-115所示。

06 单击"确定"按钮，选择要应用该样式的对象，在"CSS样式"面板中选择".Gray"，单击鼠标右键，在弹出的快捷菜单中执行"应用"命令，如图8-116所示。

07 对场景进行保存，按F12键预览效果，如图8-117所示。

图8-115 选择"Gray"选项

图8-116 执行"应用"命令

图8-117 预览效果

8.4.6 Invert滤镜

下面介绍如何应用Invert滤镜，其具体操作步骤如下所述。

01 启动Dreamweaver CS6，按Ctrl+O组合键，在弹出的对话框中选择随书附带光盘中的"源文件\素材\第8章\Invert.html"文件，如图8-118所示。

02 选择完成后，单击"打开"按钮，即可将选中的素材文件打开，效果如图8-119所示。

图8-118 选择素材文件

图8-119 打开的素材文件

03 在菜单栏中执行"格式"|"CSS样式"|"新建"命令，如图8-120所示。

04 在弹出的对话框中将"选择器名称"设置为"Invert"，如图8-121所示。

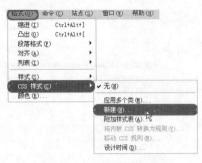 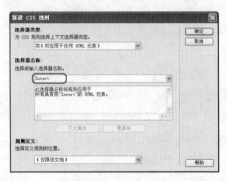

图8-120 执行"新建"命令 　　　　　　　　　　　　　图8-121 输入Invert

05 设置完成后，单击"确定"按钮，再在弹出的对话框中选择"分类"列表框中的"扩展"选项，在"Filter"下拉列表中选择"Invert"选项，如图8-122所示。

06 单击"确定"按钮，选择要应用该样式的对象，在"CSS样式"面板中选择".Invert"，单击鼠标右键，在弹出的快捷菜单中执行"应用"命令，如图8-123所示。

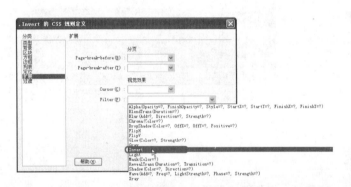 

图8-122 选择"Invert"选项 　　　　　　　　　　图8-123 执行"应用"命令

07 对场景进行保存，按F12键预览效果，如图8-124所示。

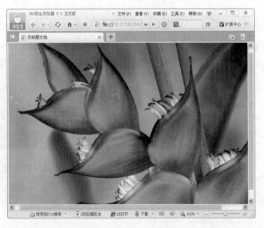

图8-124 预览效果

▶ 8.4.7 Shadow滤镜

下面介绍如何应用Shadow滤镜，其具体操作步骤如下所述。

01 启动Dreamweaver CS6，按Ctrl+O组合键，在弹出的对话框中选择随书附带光盘中的"源文件\素材\第8章\Shadow.html"文件，如图8-125所示。

02 选择完成后，单击"打开"按钮，即可将选中的素材文件打开，效果如图8-126所示。

图8-125 选择素材文件

图8-126 打开的素材文件

03 在菜单栏中执行"格式"|"CSS样式"|"新建"命令，如图8-127所示。

04 在弹出的对话框中将"选择器名称"设置为"Shadow"，如图8-128所示。

图8-127 执行"新建"命令

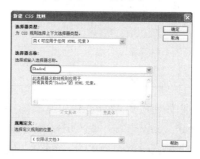

图8-128 输入Shadow

05 设置完成后，单击"确定"按钮，再在弹出的对话框中选择"分类"列表框中的"类型"选项，将"Font-family"设置为"方正综艺简体"，"Font-size"设置为"56px"，"Color"设置为"#FFF"，如图8-129所示。

06 再在"分类"列表框中选择"扩展"选项，在"Filter"下拉列表中选择"Shadow(Color=?,Direction=?)"选项，如图8-130所示。

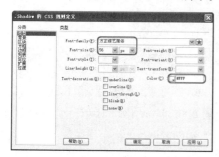

图8-129 设置字体

图8-130 选择"Shadow"选项

07 将Color设置为"#f0000"，将Direction设置为"80"，如图8-131所示。

08 设置完成后，单击"确定"按钮，在文档窗口中选择要应用的文字，在"CSS样式"面板中选择".Shadow"，单击鼠标右键，在弹出的快捷菜单中执行"应用"命令，如图8-132所示。

09 对场景进行保存，按F12键预览效果，如图8-133所示。

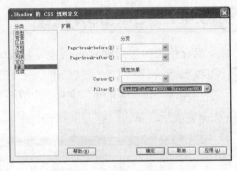

图8-131 设置Shadow参数

图8-132 执行"应用"命令

图8-133 预览效果

▶ 8.4.8 Wave滤镜

下面介绍如何应用Wave滤镜，其具体操作步骤如下所述。

01 启动Dreamweaver CS6，按Ctrl+O组合键，在弹出的对话框中选择随书附带光盘中的"源文件\素材\第8章\Wave.html"文件，如图8-134所示。

02 选择完成后，单击"打开"按钮，即可将选中的素材文件打开，效果如图8-135所示。

图8-134 选择素材文件

图8-135 打开的素材文件

03 在菜单栏中执行"格式"|"CSS样式"|"新建"命令，如图8-136所示。

04 在弹出的对话框中将"选择器名称"设置为"Wave"，如图8-137所示。

图8-136 执行"新建"命令

图8-137 输入Wave

05 设置完成后，单击"确定"按钮，再在弹出的对话框中选择"分类"列表框中的"扩展"选项，在"Filter"下拉列表中选择"Wave(Add=?, Freq=?, LightStrength=?, Phase=?, Strength=?)"选项，如图8-138所示。

06 将Add设置为"0"，Freq设置为"6"，LightStrength设置为"6"，Phase设置为"0"，Strength设置为"13"，如图8-139所示。

图8-138 选择"Wave"选项

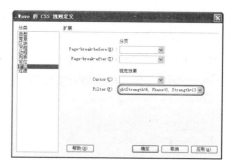

图8-139 设置Wave参数

07 设置完成后，单击"确定"按钮，选择要应用的对象，按Shift+F11组合键，在弹出的面板中选择".Wave"，单击鼠标右键，在弹出的快捷菜单中执行"应用"命令，如图8-140所示。

08 对场景进行保存，按F12键预览效果，如图8-141所示。

图8-140 执行"应用"命令

图8-141 预览效果

▶ 8.4.9 Xray滤镜

下面介绍如何应用Invert滤镜，其具体操作步骤如下所述。

01 启动Dreamweaver CS6，按Ctrl+O组合键，在弹出的对话框中选择随书附带光盘中的"源文件\
素材\第8章\Xray.html"文件，如图8-142所示。

02 选择完成后，单击"打开"按钮，即可将选中的素材文件打开，效果如图8-143所示。

03 在菜单栏中执行"格式"|"CSS样式"|"新建"命令，如图8-144所示。

图8-142 选择素材文件

图8-143 打开的素材文件

图8-144 执行"新建"命令

04 在弹出的对话框中将"选择器名称"设置为"Xray"，如图8-145所示。

05 设置完成后，单击"确定"按钮，再在弹出的对话框中选择"分类"列表框中的"扩展"选
项，在"Filter"下拉列表中选择"Xray"选项，如图8-146所示。

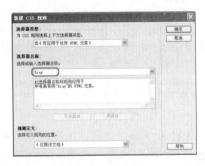
图8-145 输入Xray

图8-146 选择"Xray"选项

06 单击"确定"按钮，选择要应用该样式的对象，在"CSS样式"面板中选择".Xray"，单击
鼠标右键，在弹出的快捷菜单中执行"应用"命令，如图8-147所示。

07 对场景进行保存，按F12键预览效果，如图8-148所示。

图8-147 执行"应用"命令

图8-148 预览效果

8.5 拓展练习——制作家居网站

源 文 件:	源文件\场景\第8章\制作家居网站.html
视频文件:	视频\第8章\8.5.avi

随着Internet的迅速发展,许多商家选择通过网站来介绍和宣传各自的产品。本例将介绍如何制作家居网站,其效果如图8-149所示。具体操作步骤如下所述。

01 运行Dreamweaver CS6软件,在菜单栏中执行"文件"|"新建"命令,弹出"新建文档"对话框,选择"空白页"选项卡,在"页面类型"下拉列表框中选择"HTML"选项,在"布局"下拉列表框中选择"无"选项,如图8-150所示。

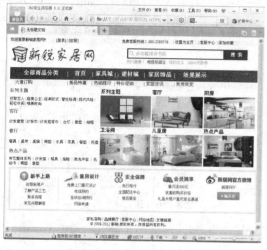

图8-149 家居网站效果

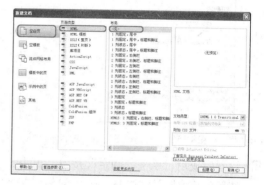

图8-150 "新建文档"对话框

02 单击"创建"按钮,即可创建一个空白的网页文档,如图8-151所示。

03 在菜单栏中执行"插入"|"表格"命令,如图8-152所示。

04 在弹出的对话框中将"行数"设置为"1","列"设置为"8","表格宽度"设置为"800像素","边框粗细"设置为"0","单元格边距"和"单元格间距"都设置为"0",如图8-153所示。

图8-151 创建的网页文档

图8-152 执行"表格"命令

图8-153 "表格"对话框

05 设置完成后，单击"确定"按钮，即可插入一个表格，在每列单元格中输入相应的文字，并
调整单元格的宽度，效果如图8-154所示。

图8-154　输入文字

06 选中所有的表格，单击 CSS 按钮，再单击"编辑规则"按钮 编辑规则 ，在弹出的对话框中
将"选择器名称"设置为"首行"，如图8-155所示。

07 单击"确定"按钮，再在弹出的对话框中将"Font-size"设置为"12px"，如图8-156所示。

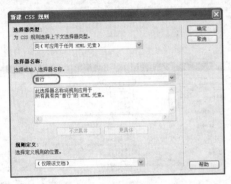

图8-155　"新建CSS规则"对话框

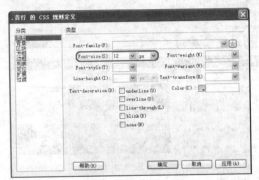

图8-156　设置字体大小

08 设置完成后，单击"确定"按钮，单击"背景颜色"右侧的色块，在弹出的列表中单击"系
统颜色拾取器"按钮，如图8-157所示。

09 在弹出的对话框中将RGB值设置为"248"、"248"、"248"，如图8-158所示。

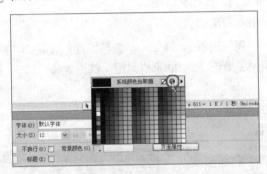

图8-157　单击"系统颜色拾取器"按钮

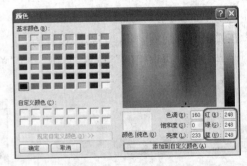

图8-158　设置RGB值

10 设置完成后，单击"确定"按钮，再次单击"确定"按钮，即可完成对选中文字的设置，根
据需要调整单元格的列宽，调整后的效果如图8-159所示。

图8-159　调整后的效果

11 在任意位置单击鼠标，再在菜单栏中执行"插入"|"表格"命令，在弹出的对话框中将"行

数"设置为"2", "列"设置为"3", 如图8-160所示。

12 单击"确定"按钮, 即可插入表格, 将光标置入新插入表格的第一个单元格中, 在菜单栏中执行"插入"|"图像"命令, 如图8-161所示。

13 执行该命令后, 即可弹出"选择图像源文件"对话框, 在弹出的对话框中选择随书附带光盘中的"源文件\素材\第8章\ logo.jpg"文件, 如图8-162所示。

图8-160 "表格"对话框 　　　图8-161 执行"图像"命令 　　　图8-162 选择图像源文件

14 选择完成后, 单击"确定"按钮, 使用同样的方法插入"搜索.jpg", 效果如图8-163所示。

图8-163 插入图像

15 选择第三行单元格, 单击鼠标右键, 在弹出的快捷菜单中执行"表格"|"合并单元格"命令, 如图8-164所示。

16 执行该命令后, 即可将选中的单元格进行合并, 将光标置入该单元格中, 单击鼠标右键, 在弹出的快捷菜单中执行"插入行或列"命令, 如图8-165所示。

图8-164 执行"合并单元格"命令 　　　图8-165 执行"插入行或列"命令

17 在弹出的对话框中将"行数"设置为"3",如图8-166所示。

18 设置完成后,单击"确定"按钮,即可插入行,效果如图8-167所示。

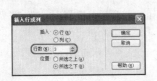

图8-166 "插入行或列"对话框

图8-167 插入行效果

19 将光标置入到第3行单元格中,在菜单栏中执行"插入"|"表格"命令,在弹出的对话框中将"行数"设置为"1","列"设置为"13",如图8-168所示。

20 设置完成后,单击"确定"按钮,在新插入的单元格中输入文字,并调整单元格的宽度,调整后的效果如图8-169所示。

图8-168 设置行和列

图8-169 输入文字

21 选中输入的文字,在菜单栏中执行"格式"|"CSS样式"|"新建"命令,在弹出的对话框中将"选择器名称"设置为"wz",如图8-170所示。

22 设置完成后单击"确定"按钮,在弹出的对话框中将"Font-size"设置为"18px","Font-weight"设置为"bold","Color"设置为"#FFF",如图8-171所示。

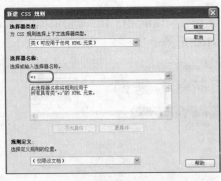

图8-170 设置选择器名称

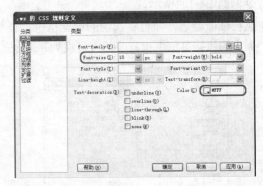

图8-171 设置CSS样式

23 设置完成后,即可应用该样式,继续选中该行,在"属性"面板中单击"居中对齐"按钮,将"高"设置为"35","背景颜色"设置为"#C11C3E",如图8-172所示。

24 将光标置入到该单元格中,单击鼠标右键,在弹出的快捷菜单中执行"表格"|"插入行或列"命令,如图8-173所示。

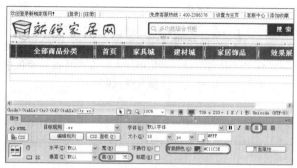

图8-172 设置CSS样式的属性　　　　　　　　图8-173 执行"插入行或列"命令

25 在弹出的对话框中将"行数"设置为"1"，如图8-174所示。

26 设置完成后，单击"确定"按钮，即可插入行。使用相同的方法在该单元格中输入相应的文字，并对其进行设置，设置后的效果如图8-175所示。

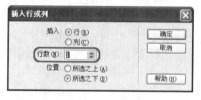

图8-174 设置行数　　　　　　　　　　图8-175 设置后的效果

27 根据前面介绍的方法，在其他行中插入表格、文字以及图像，并对其进行相应设置，效果如图8-176所示。

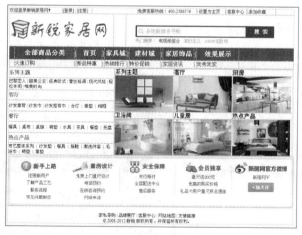

图8-176 创建其他对象后的效果

8.6 本章小结

在Dreamweaver CS6中，应用CSS样式可以对网页中的文字、图像等对象进行统一调整，使网页的整体效果非常整洁。通过本章的学习，使用户可以全面掌握CSS样式的应用方法。

- 在Dreamweaver CS6中，可以通过在菜单栏中执行"格式"|"CSS样式"|"新建"命令，在弹出的对话框中为CSS样式命名，再在弹出的对话框中通过设置来创建一个样式，还可以在"CSS样式"面板中单击"创建CSS规则"按钮来创建CSS样式。
- 在Dreamweaver CS6中，可以通过多种方法对CSS样式进行修改，例如在"属性"面板中的"目标规则"下拉列表中选择需要修改的样式，然后单击"编辑规则"按钮，在弹出的"CSS规则定义"对话框中进行修改。或在"CSS样式"面板中选择需要修改的CSS样式，在"属性"面板中对其进行修改。还可以在"CSS样式"面板中单击"编辑样式"按钮来修改CSS样式。

8.7 课后习题

1. 选择题

（1）"Font-size"用于调整文本的（ ）。

    A. 字体颜色   B.倾斜角度   C.粗细   D. 大小

（2）在"CSS样式"面板中单击（ ）按钮可以对CSS样式进行修改。

    A. 附加样式表   B. 编辑样式   C. 新建CSS规则   D. 删除CSS规则

（3）FlipH滤镜主要是对选中的对象进行（ ）。

    A. 垂直镜像   B. 倾斜45°   C. 水平镜像   D. 旋转90°

2. 填空题

（1）在Dreamweaver CS6中，可将CSS样式属性分为_____大类型，其中包括类型、_____、区块、_____、边框、_____、定位、_____和过渡等。

（2）在Dreamweaver CS6中，Alpha滤镜主要用于设置对象的_____。

3. 判断题

（1）按Shift+F12组合键可以打开"CSS样式"面板。（ ）

（2）"Font-weight"是用于对字体应用特定或相对的粗体量。（ ）

4. 上机操作题

根据本章介绍的知识，使用CSS样式制作建筑公司网站，效果如图8-177所示。

图8-177　建筑公司网站

第 9 章
使用行为创建动态网页

　　行为是某个事件和由该事件触发的动作的组合。使用行为可以使网页制作人员不用编程即可实现一些程序动作，如验证表单、打开浏览器窗口等。

　　Dreamweaver CS6中的行为将JavaScript代码放置到文档中，这样访问者就可以通过多种方式更改Web页，或者启动某些任务。本章将对Dreamweaver CS6中的主要行为进行介绍，使读者掌握各种行为的概念及应用。

学习要点

- 熟悉行为的含义
- 掌握交换图像的方法
- 熟悉拖动AP Div元素的方法

- 掌握显示-隐藏元素的方法
- 掌握转到URL的方法
- 掌握预先载入图像的方法

9.1 行为的含义

Dreamweaver中的行为是一系列JavaScript程序的集成，利用行为可以使网页设计师不用编写复杂的程序就可以实现满意的程序动作。它包含两部分内容，分别是事件和动作。动作是特定的JavaScript程序，但必须是在有事件发生的前提下，该程序会自动运行。在Dreamweaver中使用的行为主要是通过"行为"面板来控制的。

▶ 9.1.1 行为

行为是由对象、事件和动作构成的。对象是由某个事件和由该事件触发的动作的组合。在"行为"面板中，可以先指定一个动作，以此将行为添加到其中。

在将行为添加到某个页面元素后，每当该元素的某个事件发生时，行为即会调用与这一事件相关联的动作，也就是"JavaScript代码"。很多网页元素都可以称为对象，如图片、文字和多媒体文件等。对象也是基于成对出现的标签，在创建时首先选中对象的标签。此外，网页本身有时也可以作为对象。

事件是触发动态效果的原因，它可以被附加到各种页面元素上，也可以被附加到HTML标记中。每个浏览器都会提供一组事件，这些事件可以与"行为"面板的动作相关联，当网页的浏览者与页面进行交互时，浏览器会生成事件，这些事件可用于调用执行动作的JavaScript函数。一个事件总是针对页面元素或标记而言的，例如将鼠标指针移到图片上、把鼠标指针放在图片之外和单击鼠标左键是与鼠标有关的3个最常见的事件（onMouseOver、onMouseOut和onClick）。不同的浏览器支持的事件的种类和数量是不一样的，通常高版本的浏览器可支持更多的事件。

动作是指最终需要完成的动态效果，例如交换图像、弹出信息、打开浏览器窗口及播放声音等都是动作。动作通常是一段JavaScript代码。在Dreamweaver中使用内置的行为时，系统会自动向页面中添加JavaScript代码，用户完全不必自己编写。在Dreamweaver中可以添加的动作如表9-1所列。

表9-1 在Dreamweaver中可以添加的动作

动 作	介 绍
交换图像	发生设置的事件后，用其他图像来代替原有的图像
弹出信息	设置的事件发生之后，弹出警告信息
打开浏览器窗口	在新窗口中打开URL
改变属性	改变选择对象的属性
拖动AP元素	允许在浏览器中自由拖动AP Div
调用JavaScript	调用JavaScript函数
转到URL	可以转到特定的站点或网页文档上
跳转菜单	可以创建若干个连接的跳转菜单
预先载入图像	为了在浏览器中快速显示图片，事先下载图片之后显示出来
设置导航栏图像	制作由图片组成菜单的导航条
设置容器的文本	添加该行为，可在AP Div指定文本内容
设置文本域文字	在文本字段区域显示指定的内容
设置框架文本	在选定的帧上显示指定的内容
设置状态栏文本	在状态栏中显示指定的内容

（续表）

动 作	介 绍
显示-隐藏元素	显示或隐藏特定的AP Div
显示弹出式菜单	显示弹出式菜单
检查表单	在检查表单文档有效性的时候使用
跳转菜单开始	跳转菜单中选定要移动的站点之后，只有单击"GO"按钮才可以移动到连接的站点上
恢复交换图像	在运用交换图像动作之后，显示原来的图片

将事件和动作组合起来就构成了行为。例如，将onMouseOver行为事件与一段JavaScript代码相关联，当鼠标指针放在对象上时，就可以执行相应的JavaScript代码（动作）。一个事件可以同多个动作相关联，即发生事件时可以执行多个动作。为了实现需要的效果，还可以指定和修改动作发生的顺序。

9.1.2　使用"行为"面板

在Dreamweaver中，对行为的添加和控制主要是通过"行为"面板来实现的。在"行为"面板中，可以先指定一个动作，然后指定触发该动作的事件，从而将行为添加到页面中。如将鼠标指针移到对象（事件）上时，对象会发生预定义的变化（动作）。

在菜单栏中执行"窗口"|"行为"命令，即可打开"行为"面板，如图9-1所示。

使用"行为"面板可以将行为附加到页面元素（具体地说是附加到标签），并可以修改以前所附加的行为的参数。

已附加到当前所选页面元素的行为将显示在行为列表中，并按事件以字母顺序列出。如果针对同一个事件列有多个动作，则会按在列表中出现的顺序执行这些动作。如果行为列表中没有显示任何行为，则表示没有行为附加到当前所选的页面元素。

"行为"面板中包含以下几个选项。

- "显示设置事件"按钮：单击该按钮，可在面板中查看设置后的事件。
- "显示所有事件"按钮：单击该按钮，可在面板中查看所有事件，如图9-2所示。
- "添加行为"按钮：单击该按钮，可弹出动作菜单，如图9-3所示，从中可以添加行为。添加行为时，从动作菜单中选择一个行为选项即可。当从该动作菜单中选择一个动作时，将出现一个对话框，可以在此对话框中指定该动作的参数。如果动作菜单上的所有动作都处于未激活状态，则表示选择的元素无法生成任何事件。

图9-1　"行为"面板

图9-2　显示所有事件

图9-3　行为下拉列表

创意大学
Dreamweaver CS6标准教材

- "删除行为"按钮 —: 选择需要删除的行为，单击该按钮，即可将选择的事件和动作在列表中删除。
- "增加事件值"按钮 ▲: 单击该按钮，可将动作选项向前移，从而改变动作执行的顺序。对于不能在列表中上下移动的动作，箭头按钮将处于禁用状态。
- "降低事件值"按钮 ▼: 单击该按钮，可将动作选项向下移动。从而改变动作执行的顺序，对于不能在列表中上下移动的动作，箭头按钮将处于禁用的状态。

在为选定对象添加了行为后，可利用行为的事件列表选择触发该行为的事件。

9.1.3 添加行为

在Dreamweaver中可以为文档、图像、链接和表单元素等任何网页元素添加行为，在给对象添加行为时，可以一次为每个事件添加多个动作，并按"行为"面板中动作列表的顺序来执行动作。添加行为的具体操作步骤如下所述。

01 在页面中选定一个对象，也可以单击文档窗口左下角的<body>标签选中整个页面，打开"行为"面板，单击 + 按钮，弹出动作菜单。

02 从动作菜单中选择一种动作，会弹出相应的参数设置对话框，如图9-4所示。在其中进行设置后单击"确定"按钮，即可在事件列表中显示设置的动作事件，如图9-5所示。

03 单击该事件的名称，会出现 ▼ 按钮，单击该按钮，在弹出的列表中可以看到全部事件，如图9-6所示，可以在该列表中选择一种事件。

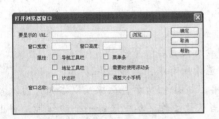

图9-4 打开的对话框　　　　图9-5 添加的事件　　　　图9-6 弹出的下拉菜单

9.2 内置行为

Dreamweaver CS6内置许多行为，每一种行为都可以实现一个动态效果，或实现用户与网页之间的交互。

9.2.1 交换图像

"交换图像"动作通过更改图像标签的src属性，将一个图像和另一个图像交换。使用该动作可以创建"鼠标经过图像"和其他的图像效果（包括一次交换多个图像）。

"交换图像"动作的具体创建方法如下所述。

① 启动Dreamweaver CS6软件,打开随书附带光盘中的"源文件\素材\第9章\服装网站.html"文件,如图9-7所示。

② 在网页文档中选择要添加行为的图像,如图9-8所示。

图9-7 打开的服装网站.html文件   图9-8 选择需要添加行为的对象

③ 在菜单栏中执行"窗口"|"行为"命令,打开"行为"面板。单击"添加行为" ➕ 按钮,在弹出的菜单中执行"交换图像"命令,如图9-9所示。

④ 在弹出的"交换图像"对话框中,单击"浏览"按钮 浏览...,如图9-10所示。在弹出的"选择图像源文件"对话框中选择"图1"文件,如图9-11所示。

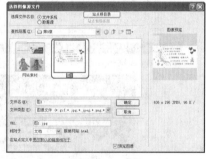

图9-9 执行"交换图像"命令   图9-10 单击"浏览"按钮   图9-11 "选择图像源文件"对话框

⑤ 单击"确定"按钮,返回"交换图像"对话框,"设定原始档为"文本框中即可显示选择的素材文件,如图9-12所示。

⑥ 在"选择图像源文件"对话框单击"确定"按钮,可在"行为"面板中看到添加的行为,如图9-13所示。

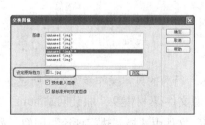

图9-12 "交换图像"对话框   图9-13 添加的行为

🔍 **提 示**

在浏览时，将鼠标经过添加"交换图像"的图片时，可能不会发生任何变化，在浏览器地址栏下方会出现一个提示，单击鼠标，在弹出的快捷菜单中执行"允许阻止的内容"命令，如图9-14所示。会弹出一个"安全警告"对话框，如图9-15所示。单击"是"按钮即可查看效果。

图9-14 执行"允许阻止的内容"命令

图9-15 "安全警告"对话框

07 保存文件，按F12键在浏览器中查看添加"交换图像"行为后的效果，在鼠标还未经过图像时的效果如图9-16所示，将鼠标放置在添加"交换图像"的图像上时，图像会发生变化，效果如图9-17所示。

图9-16 鼠标经过时的效果

图9-17 鼠标经过后的效果

▶ 9.2.2 弹出信息

使用"弹出信息"动作可以在浏览者单击某个行为时，会显示一个带有JavaScript的警告。由于JavaScript警告只有一个"确定"按钮，所以该动作只能作为提示信息，而不能为浏览者提供选择。

在网页中添加"弹出信息"行为的具体操作步骤如下所述。

01 打开随书附带光盘中的"源文件\素材\第9章\服装网站.html"文件，如图9-18所示。

02 在打开的"服装网站.html"文件中选择"热门评论"图像，如图9-19所示。

图9-18　打开的素材文件

图9-19　选择要添加行为的图像

03 打开"行为"面板，在该面板中单击"添加行为"按钮 ，在弹出的下拉菜单中执行"弹出信息"命令，如图9-20所示。

04 在弹出的"弹出信息"对话框中设置要弹出的信息文本：评论尚未更新！，如图9-21所示。

图9-20　添加的行为

图9-21　弹出信息效果

05 设置完成后单击"确定"按钮，即可在"行为"面板中看到添加的行为，如图9-22所示。

06 保存网页，按F12键测试网站，单击添加行为后的图像即可弹出一个对话框，如图9-23所示。

图9-22　添加的行为

图9-23　测试效果

▶ 9.2.3　恢复交换图像

恢复图像是将最后一组交换的图像恢复为它们以前的源文件，仅用于"交换图像"行为后使

用。此动作会自动添加到链接的交换图像动作的对象中去。

如果在附加"交换图像"行为时选中了"鼠标滑开时恢复图像"复选框，则不再需要选择"恢复交换图像"行为。

▶ 9.2.4 打开浏览器窗口

在网页中添加"打开浏览器窗口"动作可以在一个新的窗口中打开指定的URL，并可以指定新窗口的属性（如窗口的大小）、特性（是否可以调整大小、是否具有菜单栏等）和名称等。

在网页中添加"打开浏览器窗口"行为的具体操作步骤如下所述。

01 打开随书附带光盘中的"源文件\素材\第9章\服装网站.html"文件，如图9-24所示。

02 在打开的"服装网站.html"文件中选择"今日新款10款"文本，如图9-25所示。

图9-24 打开的"服装网站.html"文件

图9-25 选择需要添行为的文本

03 打开"行为"面板，在该面板中单击"添加行为"按钮 ，在弹出的下拉列表中执行"打开浏览器窗口"命令，如图9-26所示。

04 即可打开"打开浏览器窗口"对话框，如图9-27所示。该对话框中各选项的说明如下。

图9-26 执行"打开浏览器窗口"命令

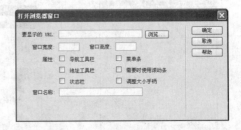

图9-27 "打开浏览器窗口"对话框

- 要显示的URL：单击该文本框右侧的"浏览"按钮，在打开的对话框中选择要连接的文件。或者在文本框中输入要连接的文件的路径。
- 窗口宽度：设置打开浏览器的宽度。
- 窗口高度：设置打开浏览器的高度。

"属性"选项组中各选项的说明如下。

- 导航工具：选中此复选框，浏览器组成的部分会包括"地址"、"主页"、"前进"、"主页"和"刷新"等。
- 菜单条：选中此复选框，在打开的浏览器窗口中显示菜单，如"文件"、"编辑"和"查看"等。
- 地址工具栏：选中此复选框，浏览器窗口的组成部分为"地址"。
- 需要时使用滚动条：选中此复选框，在浏览器窗口中，不管内容是否超出可视区域的情况下，在窗口右侧都会出现滚动条。
- 状态栏：位于浏览器窗口的底部，在该区域显示消息。
- 调整大小手柄：选中此复选框，浏览者可任意调整窗口的大小。

- 窗口名称：在此文本框中输入弹出浏览器窗口的名称。

05 在打开的"打开浏览器窗口"对话框中单击"要显示的URL"后的"浏览"按钮 浏览... ，在打开的对话框中选择"服装网站1.html"文件，如图9-28所示。

06 单击"确定"按钮，将"窗口宽度"和"窗口高度"分别设置为"150"和"200"；在"属性"选项组中选中"导航工具栏"复选框和"调整大小手柄"复选框，在"窗口名称"文本框中输入"今日新款"，如图9-29所示。

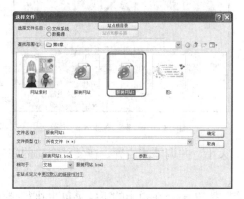

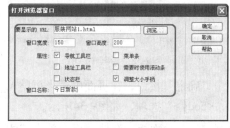

图9-28　选择"服装网站1.html"文件　　　　图9-29　设置其他选项

07 单击"确定"按钮，可在"行为"面板中显示添加的行为。

08 保存文件，按F12键在浏览器窗口中打开网站，单击添加行为后的图像，即可测试添加行为后的效果，其前后对比如图9-30和图9-31所示。

图9-30　为单击添加行为前的效果　　　　图9-31　单击添加行为后弹出的对话框

实例：拖动AP元素

源 文 件：	源文件\场景\第9章\拖动AP元素.html
视频文件：	视频\第9章\9.2.4.avi

使用"拖动AP元素"动作可以在网页中创建一个可拖动的AP元素，例如可以在完成后网页中添加一个查找的AP可拖动元素，可方便查找需要的内容。

在网页中添加"拖动AP元素"行为的具体操作步骤如下所述。

01 打开随书附带光盘中的"源文件\素材\第9章\服装网站.html"文件，打开"插入"面板，在该面板中单击"绘制Ap Div"选项，在文档窗口中绘制一个Ap Div，如图9-32所示。

02 将光标置入绘制的AP Div中，在菜单栏中执行"插入"|"图像"命令，在弹出的对话框中选择随书附带光盘中的"源文件\素材\第9章\放大镜.png"文件，如图9-33所示。

图9-32 绘制Ap Div

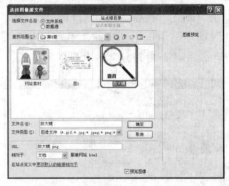

图9-33 选择需要插入的文件

03 单击"确定"按钮，在页面中适当调整AP Div的大小，并调整其位置，在文档窗口的底部单击"<body>"选项，如图9-34所示。

04 打开"行为"面板，在该面板中单击"添加行为"按钮 ，在弹出的下拉菜单中执行"拖动AP元素"命令，如图9-35所示。

05 在打开的"托动AP元素"对话框中将"放下目标"选项组中的"左"设置为"300"，"上"设置为"400"，"靠近距离"设置为"30像素接近放下目标"，如图9-36所示。

图9-34 单击"<body>"选项　　图9-35 执行"拖动AP元素"命令　　图9-36 "拖动AP元素"对话框

06 单击"确定"按钮，即可将"拖动AP元素"行为添加到"行为"面板中，如图9-37所示。

07 保存文件，按F12键在浏览器窗口预览添加行为后的效果，如图9-38和图9-39所示。

图9-37 添加的行为

图9-38 未拖动前的位置

图9-39 拖动后的效果

9.2.5 改变属性

使用"改变属性"行为可以改变对象的某个属性的值，还可以设置动态AP Div的背景颜色，浏览器决定了属性的更改。

只有在非常熟悉HTML和JavaScript的情况下才可使用"改变属性"行为。

在网页中添加"改变属性"行为的具体操作步骤如下所述。

01 打开随书附带光盘中的"源文件\素材\第9章\服装网站.html"文件，如图9-40所示。

02 在打开的"服装网站.html"文件中选择需要添加"改变属性"行为的对象，如图9-41所示。

图9-40 打开的服装网站.html文件

图9-41 选择添加行为的对象

03 打开"行为"面板，在该面板中单击"添加行为"按钮➕，在弹出的下拉列表中执行"改变属性"命令，如图9-42所示。

04 打开"改变属性"对话框，如图9-43所示。

图9-42 执行"改变属性"命令

图9-43 "改变属性"对话框

"改变属性"对话框中各项参数如下所述。

- 元素类型：单击右侧的下拉按钮，在弹出的下拉列表中选择需要更改其属性的元素类型。
- 元素ID：单击右侧的下拉按钮，在弹出的下拉列表中包含了所有选择类型的命名元素。
- 选择：单击右侧的下拉按钮，可在弹出的下拉列表中选择一个属性，如果要查看每个浏览器中可以更改的属性，可以从浏览器的弹出菜单中选择不同的浏览器或浏览版本。
- 输入：可在此文本框中输入该属性的名称。如果正在输入属性名称，一定要使用该属性的准确的JavaScript名称。
- 新的值：在此文本框中输入新的属性值。设置完成后，单击"确定"按钮即可。

05 在该对话框中将"元素类型"设置为"IMG"，将"元素ID"设置为"图像Image2"；在"属性"选项组中选中"输入"单选按钮，在该文本框中输入"width"；在"新的值"文本框中输入"100"，如图9-44所示。

06 单击"确定"按钮，"改变属性"行为将被添加到"行为"面板中，如图9-45所示。

07 保存文件，按F12键在浏览器窗口打开添加行为后的效果，在打开的浏览器窗口中单击添加行为后的图像，其效果如图9-46所示。

图9-44　设置属性

图9-45　添加的行为

图9-46　添加行为后的效果

9.2.6　效果

在Dreamweaver中经常使用的行为还有"效果"行为，它一般用于页面广告的打开、隐藏、文本的滑动和页面收缩等。

在"行为"面板中单击"添加行为"按钮 **+**，在弹出的下拉列表中执行"效果"命令，其子选项中包括"增大/收缩"、"挤压"、"显示/渐隐"、"晃动"、"滑动"、"遮帘"和"高亮颜色"7种行为效果，如图9-47所示。

可使用这些行为创建特效网页，如使用"挤压"行为可以使对象产生挤压的效果。

在网页添加"效果"行为中各动作的说明如下。

- 增大/收缩：将选中的对象适当放大或缩小，可在打开的"增

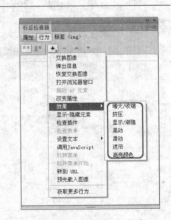

图9-47　效果下拉菜单

大/缩放"对话框中设置其效果的持续时间、样式和收缩值等。

- 挤压：可使对象产生挤压效果。
- 显示/渐隐：可使对象产生渐隐渐现的效果。
- 晃动：可使对象产生晃动效果。
- 滑动：可使对象产生滑动效果。
- 遮帘：可使对象产生卷动的效果。
- 高亮颜色：选择此行为，可在打开的"高亮颜色"对话框中设置"目标元素"的起始颜色、结束颜色和应用效果后的颜色，使对象产生高光变化的效果。

下面以"效果"行为中的"显示/渐隐"效果为例进行介绍。

01 打开随书附带光盘中的"源文件\素材\第9章\服装网站.html"文件，如图9-48所示。

02 在打开的"服装网站.html"文件中选择需要添加行为的对象，如图9-49所示。

图9-48　打开的"服装网站.html"文件

图9-49　选择需要添加行为的对象

03 打开"行为"面板，在该面板中单击"添加行为"按钮，在弹出的下拉列表中执行"效果"|"增大/收缩"命令，如图9-50所示。

04 打开"增大/收缩"对话框，将"效果持续时间"设置为"1500毫秒"，"效果"为"增大"，"增大自"设置为"10%"，"增大到"设置为"100%"，"增大自"设为"左上角"，选中"切换效果"复选框，可以在选择的渐隐效果与渐现效果之间进行切换，以达到一定的切换效果，如图9-51所示。

图9-50　执行"增大/收缩"命令

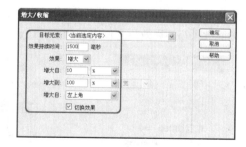

图9-51　"增大/收缩"对话框

05 单击"确定"按钮，即可将"显示/渐隐"效果添加到"行为"面板中。

06 保存文件，按F12键在预览窗口中进行预览添加"增大/收缩"后的效果，如图9-52和图9-53所示。

图9-52　效果1

图9-53　效果2

实例：显示/渐隐

源 文 件：	源文件\场景\第9章\显示/渐隐.html
视频文件：	视频\第9章\9.2.6.avi

01 打开随书附带光盘中的"源文件\素材\第9章\服装网站.html"文件，如图9-54所示。

02 在打开的"服装网站.html"文件中选择需要添加行为的对象，如图9-55所示。

图9-54　打开的"服装网站.html"文件

图9-55　选择添加行为的对象

03 打开"行为"面板，在该面板中单击"添加行为"按钮 ⊞，在弹出的下拉列表中执行"效果"|"显示/渐隐"命令，如图9-56所示。

04 打开"显示/渐隐"对话框，将"效果持续时间"设置为"1500毫秒"，"效果"为"渐隐"，"渐隐自"设置为"100%"，"渐隐到"设置为"10%"，选中"切换效果"复选框，可以在选择的渐隐效果与渐现效果之间进行切换，以达到一定的切换效果，如图9-57所示。

图9-56　执行"显示/渐隐"命令

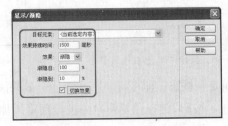

图9-57　"显示/渐隐"对话框

05 单击"确定"按钮，即可将选择的"显示/渐隐"行为添加到"行为"面板中。

06 保存文件，按F12键打开浏览器窗口，将鼠标置于添加行为后的对象上并单击，如图9-58和图9-59所示为单击前后的对比效果。

图9-58　单击前的效果

图9-59　单击后的效果

9.2.7　显示-隐藏元素

　　使用"显示-隐藏元素"动作可以显示、隐藏、恢复一个或多个AP Dvi元素的可见性。用户可以使用该行为来制作浏览者与页面进行交互时显示的信息。

　　在浏览器中单击添加"显示-隐藏元素"行为的图像时会隐藏或显示一个信息。

　　在网页中添加"显示-隐藏元素"行为的具体操作步骤如下所述。

01 新建一个空白的HTML文件，在菜单栏中执行"窗口"|"插入"命令，打开"插入"面板，如图9-60所示。

02 在该面板中单击"插入"面板上方的下三角按钮▼，在弹出的下拉列表中选择"布局"选项，如图9-61所示。

03 切换到"布局"插入面板，单击"绘制AP元素"按钮，在文档窗口中绘制一个AP Div，如图9-62所示。

图9-60　"插入"面板

图9-61　选择"布局"选项

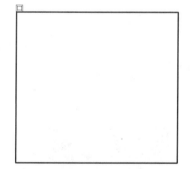

图9-62　创建AP Div

04 将光标放置在绘制的AP Div中，在菜单栏中执行"插入"|"图像"命令，在打开的"选择图像源文件"对话框中选择"001.jpg"素材文件，如图9-63所示。

05 单击"确定"按钮，即可在文本窗口中插入一幅图像文件，如图9-64所示。

06 打开"行为"面板，单击"添加行为"按钮 ➕，在弹出的下拉列表中执行"显示-隐藏元素"命令，如图9-65所示。

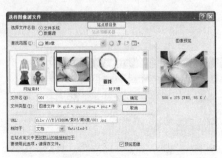

图9-63　选择素材文件　　　　图9-64　插入图片　　　图9-65　执行"显示-隐藏元素"命令

07 打开"显示-隐藏元素"对话框，如图9-66所示。

该对话框中的各选项说明如下。

- 元素：在此对话框中选择要更改其可见性的AP Div。
- 显示：单击"显示"按钮 显示 ，可设置AP Div的可见性。
- 隐藏：单击"隐藏"按钮 隐藏 ，可隐藏AP Div。
- 默认：单击"默认"按钮 默认 ，恢复AP Div的默认可见性。

08 在"显示-隐藏元素"对话框中单击"隐藏"按钮 隐藏 ，如图9-67所示。

09 单击"确定"按钮，被添加的"显示-隐藏元素"显示在"行为"面板中，如图9-68所示。

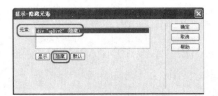

图9-66　"显示-隐藏元素"对话框　　　　图9-67　单击按钮　　　　图9-68　添加的行为

10 保存文件，按F12键打开浏览器窗口，如图9-69所示，将鼠标至于图片中，单击后的效果如图9-70所示。

图9-69　单击前的效果　　　　　　　　　图9-70　单击后的效果

9.2.8 检查插件

使用"检查插件"行为可根据访问者是否安装了指定插件这一情况将其转到不同的页面。例如，想让安装有Shockwave软件的访问者转到一页，让未安装该软件的访问者转到另一页。

在网页中添加"检查插件"行为的具体操作步骤及说明如下。

01 打开随书附带光盘中的"源文件\素材\第9章\服装网站.html"文件，如图9-71所示。

02 选中"女装批发"文本，打开"行为"面板，单击"添加行为"按钮，在弹出的下拉列表中执行"检查插件"命令，如图9-72所示。

图9-71 打开的"服装网站.html"文件　　　　图9-72 执行"检查插件"命令

03 打开"检查插件"对话框，如图9-73所示。

该对话框中的各参数说明如下。

- 选择：选中此单选按钮，单击此文本框右侧的下拉按钮，在弹出的下拉列表中选择一种插件。选择Flash后会将相应的VB Script代码添加到页面上。
- 输入：选中此单选按钮，在此文本框中输入插件的确切名称。
- 如果有，转到URL：单击此文本框右侧的"浏览"按钮 浏览...，在弹出的"选择文件"对话框中浏览并选择文件。单击"确定"按钮，即可将选择的文件显示在此文本框中，或者在此文本框中直接输入正确的文件路径。
- 否则，转到URL：在此文本框中为不具有该插件的访问者指定一个替代URL。如果要让不具有该插件的访问者在同一页上，则应将此文本框空着。
- "如果无法检测，则始终转到第一个URL"复选框：如果插件内容对于网页是必不可少的一部分，则应选中该复选框，浏览器通常会提示不具有该插件的访问者下载该插件。

04 在"检查插件"对话框中单击"选择"文本框右侧的下拉按钮，在弹出的下拉列表中选择"Live Audio"文件，单击"否则，转到URL"文本框右侧的"浏览"按钮 浏览...，如图9-74所示。

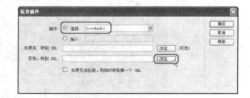

图9-73 "检查插件"对话框　　　　　　图9-74 选择文件

05 在弹出的"选择文件"对话框中选择随书附带光盘中的"源文件\素材\第9章\服装网站1.html"文件，如图9-75所示。单击"确定"按钮回到对话框中。

06 单击"确定"按钮，"检查插件"行为即可被添加到"行为"面板中。

07 保存文件，按F12键打开浏览器窗口，单击添加行为后的对象，效果如图9-76所示。

图9-75 "选择文件"对话框

图9-76 效果图

> **提 示**
>
> 在Windows上的Internet Explorer检测不到大多数的插件。默认情况下，当不能实现检测时，访问者会被发送到"否则，转到URL"文本框中列出的URL。若要改为将访问者发送到"如果有，转到URL"文本框中，可选中"如果无法检测，则始终转到第一个URL"复选框。选中该项则意味着"假设访问者具有该插件，除非浏览器显示指出该插件不存在"。通常，如果插件内容对于网页是必不可少的一部分，则应选中此复选框，浏览器通常会提示不具有该插件的访问者下载该插件。如果插件内容对于用户的页不是必要的，则应取消该复选框的选中。

▶ 9.2.9 调用JavaScript

使用"调用JavaScript"行为允许设置当某些事件被触发时调用相应的JavaScript代码，以实现相应的动作。使用"调用JavaScript"行为的方法如下所述。

01 打开随书附带光盘中的"源文件\素材\第9章\服装网站.html"文件，如图9-77所示。

02 选择文档中的"新闻公告"文字，打开"行为"面板，在该面板中单击"添加行为"按钮，在弹出的菜单中执行"调用JavaScript"命令，如图9-78所示。

图9-77 打开的"服装网站.html"文件

图9-78 执行"调用JavaScript"命令

03 在弹出的"调用JavaScript"对话框中输入：window.open(url="index_1.html")，如图9-79
所示。

04 单击"确定"按钮，即可将"调用JavaScript"动作添加到"行为"面板中。

05 保存文件，按F12键打开浏览器窗口，单击添加行为后的文本，即可弹出一个新的浏览器，如
图9-80所示。

图9-79　"调用JavaScript"对话框　　　　　　图9-80　打开的浏览器

9.2.10　转到URL

　　"转到URL"行为可在当前窗口或指定的框架中打开一个新页。此行为适用于通过一次单击
更改两个或多个框架的内容。

01 打开随书附带光盘中的"源文件\素材\第9章\服装网站.html"文件，如图9-81所示。

02 在文档窗口中选择一个对象，单击"行为"面板中的"添加行为"按钮 ，在弹出的菜单栏
中执行"转到URL"命令，如图9-82所示。

图9-81　打开的"服装网站.html"文件

图9-82　执行"转到URL"命令

03 在打开的"转到URL"对话框的"URL"文本
框中输入要转到的URL，如图9-83所示。

04 输入完毕后，单击"确定"按钮，即可将
"转到URL"行为添加到"行为"面板中，
如图9-84所示。

05 保存文件，按F12键打开浏览器窗口，其效果

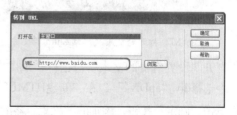

图9-83　"转到URL"对话框

创意大学
Dreamweaver CS6标准教材

如图9-85和图9-86所示。

图9-84　添加的行为　　　　图9-85　单击前的效果　　　　图9-86　单击后的效果

提　示

使用者也可以在"转到URL"对话框中单击"浏览"按钮，然后选择本地磁盘上的文件。

▶ 9.2.11　设置文本

利用"设置文本"行为可以在页面中设置文本，其内容主要包括"设置容器的文本"、"设置文本域文字"、"设置框架文本"和"设置状态栏文本"。

1. 设置容器的文本

可通过在页面内容中添加"设置容器的文本"行为替换页面上现有的AP Div的内容和格式，包括任何有效的HTML原代码，但是仍会保留AP Div的属性和颜色。

在网页中添加"设置容器的文本"行为的具体操作步骤如下所述。

01 打开随书附带光盘中的"源文件\素材\第9章\服装网站2.html"文件，如图9-87所示。

02 在文档窗口中选择一个对象，在"行为"面板中单击"添加行为"按钮 **+** ，在下拉列表中执行"设置文本"|"设置容器的文本"命令，如图9-88所示。

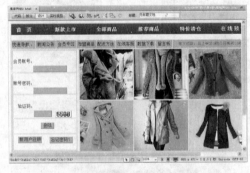 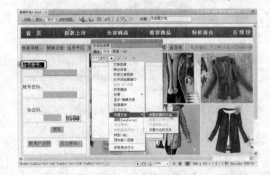

图9-87　打开的"服装网站2.html"文件　　　图9-88　执行"设置容器的文本"命令

03 打开"设置容器的文本"对话框，单击"容器"文本框右侧的下拉按钮，在弹出的下拉列表中选择div "apDiv4"，在"新建HTML"文本框中输入新的内容，如图9-89所示。

04 单击"确定"按钮，添加的"设置容器的文件"行为即会被显示在"行为"面板中，如图9-90所示。

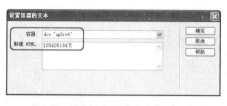

图9-89 "设置容器的文本"对话框 图9-90 添加的行为

05 保存文件，按F12键在浏览器窗口打开预览，如图9-91所示，单击设置的文本域，出现的效果如图9-92所示。

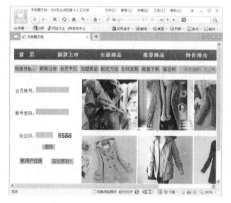

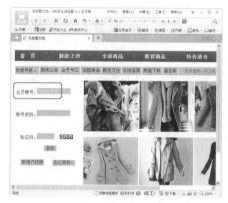

图9-91 效果1 图9-92 效果2

2. 设置文本域文字

使用"设置文本域"行为可以将指定的内容替换表单文本域中的文本内容。
在网页中添加"设置文本域"行为的具体操作步骤如下所述。

01 在文本框中选择文本域，在"行为"面板中单击"添加行为"按钮 **+**，在弹出的"设置文本域文字"对话框中进行设置。

02 设置完成后，单击"确定"按钮，即可将"设置文本域文字"行为添加到行为面板中。

3. 设置框架文本

"设置框架文本"动作用于包含框架结构的页面，可以动态改变框架的文本，转变框架的显示、替换框架的内容。
在网页中添加"设置框架文本"行为的具体操作步骤如下所述。

01 新建一个空白的HTML文件，在菜单栏中执行"插入"|"HTML"|"框架"|"左侧及上方嵌套"命令，如图9-93所示，在弹出的"框架标签辅助功能属性"对话框中单击"确定"按钮，即可创建一个框架集。

02 在框架中输入一些文字，打开"行为"面板，单击该面板中的"添加行为"按钮 **+**，在弹出的下拉列表中执行"设置文本"|"设置框架文本"命令，如图9-94所示。

03 打开"设置框架文本"对话框，单击"框架"文本框右侧的下拉按钮，在弹出的下拉菜单中
选择框架的类别，在"新建HTML"文本框中输入新的文本内容，如图9-95所示。

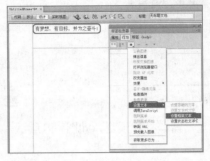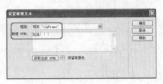

图9-93 执行"左侧及上方嵌套"命令　图9-94 执行"设置框架文本"命令　图9-95 "设置框架文本"对话框

04 设置完成后，单击"确定"按钮，即可将添加的"设置框架文本"动作添加到"行为"面板
中，如图9-96所示。

05 保存框架文件，按F12键在浏览器中预览，如图9-97所示，将鼠标移动至文本位置，即可发生
变化，如图9-98所示。

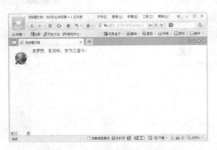

图9-96 添加的行为　　　　图9-97 鼠标经过前的效果　　　　图9-98 鼠标经过后的效果

4. 设置状态栏文本

在页面中使用"设置状态栏文本"行为，可在浏览器窗口底部左下角的状态栏中显示消息。
在网页中添加"设置状态栏文本"行为的具体操作步骤如下所述。

01 打开随书附带光盘中的"源文件\素材\第9
章\服装网站2.html"文件，如图9-99所示。

02 在窗口文档的底部单击"<body>"按
钮，打开"行为"面板，在该面板中单击
"添加行为"按钮 +，在下拉列表中执
行"设置文本"|"设置状态栏文本"命
令，如图9-100所示。

03 打开"设置状态栏文本"对话框，在"消
息"文本框中输入"本站最新消息：喜迎

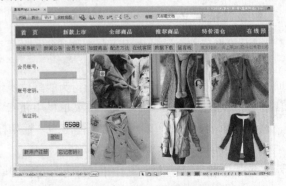

图9-99 打开的服装网站2.html文件

店庆！全场服装八折起！"，如图9-101所示。

图9-100　执行"设置状态栏文本"命令　　　　图9-101　"设置状态栏文本"对话框

[04] 单击"确定"按钮，即可将选择的行为添加到"行为"面板中，如图9-102所示。

[05] 保存文件，按F12键在IE浏览器中打开预览，如图9-103所示。

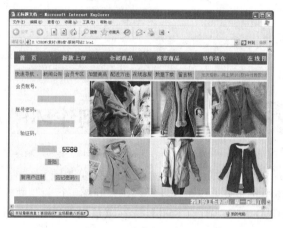

图9-102　添加的行为　　　　　　　　　图9-103　状态栏文本效果

▶ 9.2.12　预先载入图像

使用"预先载入图像"行为可以将不会立即出现在网页上的图像（如那些将通过行为或JavaScript换入的图像）载入浏览器缓存中，这样可以防止当图像应该出现时由于下载而产生延迟。

"预先载入图像"行为的使用方法如下所述。

[01] 打开随书附带光盘中的"源文件\素材\第9章\服装网站2.html"文件，如图9-104所示。

[02] 在文档窗口中选择需要添加行为的对象，打开"行为"面板，在该面板中单击"添加行为"按钮 ，在弹出的下拉菜单中执行"预先载入图像"命令，如图9-105所示。

[03] 打开"预先载入图像"对话框，在该对话框中单击"浏览"按钮 浏览... ，在弹出的对话框中选择"衣服.jpg"素材文件，如图9-106所示。

[04] 单击"确定"按钮，即可将选择的素材文件添加到"预先载入图像"对话框中，如图9-107所示。

[05] 单击确定"按钮"即可将"预先载入图像"行为添加到"行为"面板中。

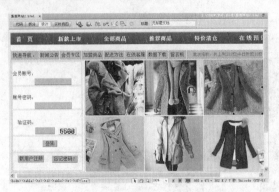

图9-104　打开的"服装网站2.html"文件

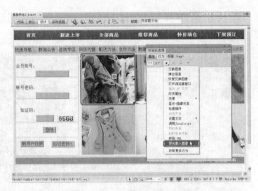

图9-105　执行"预先载入图像"命令

图9-106　"选择图像源文件"对话框

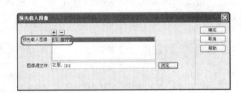

图9-107　"预先载入图像"对话框

9.3　拓展练习——制作环保网站

源　文　件：	源文件\场景\第9章\制作环保网站.html
视频文件：	视频\第9章\9.3. avi

本案例主要通过制作环保网站来介绍"行为"面板中的命令，其效果如图9-108所示。

01 启动Dreamweaver CS6软件，在菜单栏中执行"文件"|"打开"命令，如图9-109所示。

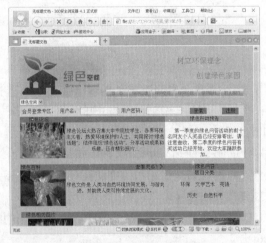

图9-108　效果图

图9-109　执行"打开"命令

02 在弹出的对话框中选择随书附带光盘中的"源文件\素材\第9章\绿色空间.html"文件，如图9-110所示。

03 单击"打开"按钮，即可将选择的"绿色空间.html"文件打开，如图9-111所示。

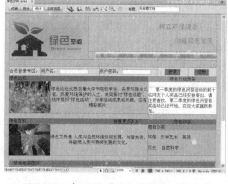

图9-110　选择"绿色空间.html"文件　　　图9-111　打开的"绿色空间.html"文件

04 在打开的"绿色空间.html"文件中选择"首页"对象，如图9-112所示。

05 打开"行为"面板，在该面板中单击"添加行为"按钮，在弹出的下拉列表中执行"交换图像"命令，如图9-113所示。

06 打开"交换图像"对话框，单击"设定原始档为"文本框右侧的"浏览"按钮，如图9-114所示。

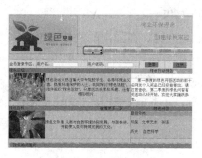

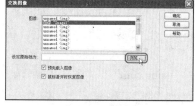

图9-112　选择"首页"对象　　　图9-113　执行"交换图像"命令　　　图9-114　"交换图像"对话框

07 打开"选择图像源文件"对话框，在该对话框中选择随书附带光盘中的"源文件\素材\第9章\首页1.jpg"文件，如图9-115所示。

08 单击"确定"按钮，在"交换图像"对话框中单击"确定"按钮，"交换图像"行为即可被添加到"行为"面板中，如图9-116所示。

图9-115　选择素材文件　　　　　　图9-116　添加的行为

09 使用同样的方法，为其他图像添加"交换图像"行为，完成后保存文件，按F12键在浏览器窗口中预览效果。从中可以看到，当鼠标经过"绿色互动"对象时，该对象发生了变化，如图9-117所示。

10 将其浏览器关闭，然后将光标置于导航栏下方的表格中，在菜单栏中执行"插入"|"表单"|"跳转菜单"命令，如图9-118所示。

11 打开"插入跳转菜单"对话框，在"文本"右侧的文本框中输入"绿色空间"文本，如图9-119所示。

图9-117 预览效果　　图9-118 执行"跳转菜单"命令　　图9-119 "插入跳转菜单"对话框

12 单击"确定"按钮，即可在表格中插入一个跳转菜单，如图9-120所示。

13 在"行为"面板中选择添加的"跳转菜单"行为，并单击鼠标右键，在弹出的快捷菜单中执行"编辑行为"命令，如图9-121所示。

14 打开"跳转菜单"对话框，在该对话框中单击"添加项"按钮➕，然后在"文本"右侧的文本框中输入正确的菜单选项，在"选择时，转到URL"右侧的文本框中输入"http://www.baidu.com"，如图9-122所示。

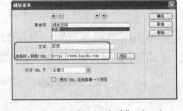

图9-120 插入的表格菜单　　图9-121 执行"编辑行为"命令　　图9-122 "跳转菜单"对话框

15 设置完成后单击"确定"按钮，保存文件，按F12键，在浏览器窗口中预览，单击添加后的跳转菜单，如图9-123所示。

16 预览完毕后将其浏览器窗口关闭，在文档窗口中选择如图9-124所示的图片。

17 选择"行为"面板，在该面板中单击"添加行为"按钮➕，在弹出的下拉菜单中执行"打开浏览器"命令，如图9-125所示。

18 打开"打开浏览器窗口"对话框，单击"要显示的URL"文本框右侧的"浏览"按钮 浏览...，如图9-126所示。

⒆ 在弹出的对话框中选择随书附带光盘中的"源文件\素材\第9章\素材图片.jpg"文件，如图9-127
所示。

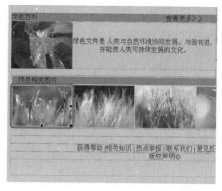

图9-123　预览效果　　　　　　　　　　　　　图9-124　选择对象

图9-125　执行"打开浏览器　　图9-126　"打开浏览器窗口"对话框　　　图9-127　选择"素材图片.jpg"文件
　　　　　窗口"命令

⒇ 单击"确定"按钮，然后将"窗口宽度"设置为"200"，"窗口高度"设置为"150"，在
"属性"选项组中选中"导航工具栏"、"需要时使用滚动条"、"调整大小手柄"复选
框，在"窗口"右侧的文本框中输入"绿色图片"，如图9-128所示。

㉑ 单击"确定"按钮，"打开浏览器窗口"行为即可被添加到"行为"面板中，如图9-129所示。

㉒ 保存文件，按F12键在浏览器窗口中预览效果，如图9-130所示。

㉓ 至此，动态网页制作完成，可根据设计理念添加其他行为。

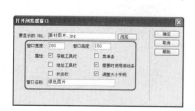

图9-128　设置其他参数　　　　　图9-129　添加的行为　　　　　　图9-130　预览效果

9.4 本章小结

行为是用来动态响应用户操作、改变当前页面效果或是执行特定任务的一种方法，是由对象、事件和动作组合而成的。

- 在Dreamweaver中，对行为的添加和控制主要是通过"行为"面板来实现的。在"行为"面板中，可以先指定一个动作，然后指定触发该动作的事件，从而将行为添加到页面中。
- 在Dreamweaver的"行为"面板中主要包含"交换图像"、"弹出信息"、"恢复交换图像"、"打开浏览器"、"拖动AP元素"、"改变属性"、"效果"、"显示-隐藏元素"、"检查插件"、"调用JavaScript"、"转到URL"、"设置文本"和"预先载入图像"13种内置行为。

9.5 课后习题

1. 选择题

(1) "交换图像"动作通过更改图像标签的（　　）属性，将一个图像和另一个图像交换。

　　A.src　　　　　B.body　　　　　C.img　　　　　　D.tr

(2) 在Dreamweaver中一次可以为对象添加（　　）行为。

　　A.1个　　　　　B.2个　　　　　C.5个　　　　　　D.多个

2. 问答题

(1) 在Dreamweaver中经常使用的行为还有"效果"行为，它一般用于页面广告的_____、_____、_____和_____等。

(2) 利用"设置文本"行为可以在页面中设置文本，其内容主要包括_____、_____、_____和_____。

3. 判断题

(1) 一个事件不可以同多个动作相关联，即发生事件时不可以执行多个动作。为了实现需要的效果，还可以指定和修改动作发生的顺序。（　　）

(2) 在Dreamweaver中，对行为的添加和控制主要是通过"行为"面板来实现的。（　　）

(3) 用户可通过在页面内容中添加"设置容器的文本"行为替换页面上现有的AP Div的内容和格式，包括任何有效的HTML源代码，但是并不会保留AP Div的属性和颜色。（　　）

4. 上机操作题

根据本章所讲解的内容制作一个个人博客，效果如图9-131所示。

图9-131　个人博客

第 10 章
使用模板和库

　　在制作网站时，很多页面会用到相同的布局、文字或图片等元素，如果逐一创建、修改，会很费时、费力，但通过使用Dreamweaver中提供的模板和库项目，可以将具有相同版面结构的页面制成模板，将相同的元素制成库项目，从而简化操作，提高网页制作效率。

　　本章主要介绍创建模板的方法，以及如何在模板中创建和修改可编辑区域，另外还介绍了库项目的创建、应用与编辑。

学习要点

- 熟悉创建模板的方法
- 掌握创建和修改可编辑区域的方法
- 掌握管理模板的方法
- 认识库

- 掌握创建库项目的方法
- 掌握应用库项目的方法
- 掌握编辑库项目的方法

10.1 模板概述

在构建一个网站时，通常会根据网站的需要设计出一些风格一致、功能相似的页面。使用Dreamweaver CS6的模板功能可以创建出具有相同页面布局、设计风格一致的网页。通过模板来创建和更新网页不仅可以极大地提高工作效率，而且还为后期维护网站提供了方便，可以快速改变整个站点布局和外观。

模板的功能就是把网页布局和内容分离，在布局设计好之后将其保存为模板。这样，相同布局的页面就可以通过模板创建，从而极大地提高了工作效率。

模板实质上就是作为创建其他文档的基础文档。在创建模板时，可以说明哪些网页元素应该长期保留、不可编辑，哪些元素可以编辑修改。

模板由可编辑区域和不可编辑区域两部分组成。不可编辑区域包含了页面中的所有元素，构成页面的基本框架；可编辑区域是为了添加相应的内容而设置的，在后期维护中，可通过改变模板的不可编辑区域，快速更新整个站点中所有应用了模板的页面布局。

模板的运用在网页设计的过程中主要表现为创建模板、定义模板可编辑区域和管理模板等操作。

10.2 创建模板

在Dreamweaver中提供了多种创建模板的方法，可以创建空白模板文档，也可以使用"资源"面板创建模板，或者是从现有文档创建模板。

Dreamweaver会自动将模板文件存储在站点的本地根文件夹下的"Templates"子文件夹中，如果此文件夹不存在，当存储一个新模板时，Dreamweaver将自动生成此文件夹。

▶ 10.2.1 创建空白模板文档

下面介绍创建空白模板文档的方法，具体操作步骤如下所述。

01 启动Dreamweaver CS6软件，在菜单栏中执行"文件"|"新建"命令，如图10-1所示。

02 弹出"新建文档"对话框，选择"空白页"选项卡，在"页面类型"下拉列表框中选择"HTML模板"选项，在"布局"下拉列表框中选择"无"选项，如图10-2所示。

03 单击"创建"按钮，即可创建一个空白的模板文档，如图10-3所示。

图10-1　执行"新建"命令　　　　图10-2　"新建文档"对话框

图10-3　创建的空白模板文档

10.2.2　使用"资源"面板创建模板

在"资源"面板中也可以创建模板，具体的操作步骤如下所述。

01 在菜单栏中执行"窗口"|"资源"命令，如图10-4所示。

02 打开"资源"面板，在该面板中单击"模板"按钮，即可显示"模板"样式，如图10-5所示。

03 然后单击面板右下角的"新建模板"按钮，如图10-6所示。

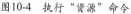

图10-4　执行"资源"命令

图10-5　"模板"样式

图10-6　单击"新建模板"按钮

提　示

在模板列表区中的空白位置处单击鼠标右键，在弹出的快捷菜单中执行"新建模板"命令，也可以新建模板。

04 即可新建一个模板，效果如图10-7所示。

05 此时新建的模板的名称处于可编辑状态，然后为新创建的模板输入新的文件名即可，输入完成后，按Enter键确认，如图10-8所示。

图10-7　新建的模板

图10-8　输入模板名称

实例：从现有文档创建模板

源　文　件：	源文件\Templates\index.dwt
视频文件：	视频\第10章\10.2.2.avi

在Dreamweaver中，可以将网页文档保存为模板，这样生成的模板中会带有已经编辑好的内容，可以省去单独创建模板所需的时间，具体操作步骤如下所述。

01 在菜单栏中执行"文件"|"打开"命令，在弹出的"打开"对话框中选择随书附带光盘中的"源文件\素材\第10章\环保网.html"文件，如图10-9所示。

02 单击"打开"按钮，即可打开素材文件，如图10-10所示。

图10-9 选择素材文件

图10-10 打开的素材文件

03 在菜单栏中执行"文件"|"另存为模板"命令，如图10-11所示。

04 弹出"另存模板"对话框，在"站点"下拉列表中选择"CDROM"站点文件夹，然后在"另存为"文本框中输入模板的名称，如图10-12所示。

05 单击"保存"按钮，在弹出的如图10-13所示的信息提示对话框中单击"是"按钮，即可将网页文件保存为模板。

图10-11 执行"另存为模板"命令

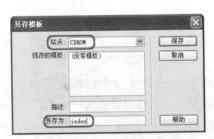

图10-12 "另存模板"对话框

图10-13 单击"是"按钮

 提示

　　将网页文件保存为模板后，扩展名会变为".dwt"，如图10-14所示。

图10-14 模板文件的名称

10.3 创建和修改可编辑区域

在模板文档中，可编辑区域是指页面中变化的部分，如每日都要更新的内容。可以根据具体要求对模板中的内容进行编辑，例如指定哪些内容可以编辑，哪些内容要被锁定（即不可编辑）。本节介绍创建和修改可编辑区域的方法。

实例：插入可编辑区域

源文件：	源文件\Templates\插入可编辑区域.dwt
视频文件：	视频\第10章\10.3.avi

创建模板后，Dreamweaver会默认将所有的区域都标记为锁定，因此必须根据需求对模板进行编辑，把某些部分标记为可编辑的区域。在模板中创建可编辑区域很方便，具体操作步骤如下所述。

01 在菜单栏中执行"文件"|"打开"命令，在弹出的"打开"对话框中选择随书附带光盘中的"源文件\Templates\index1.dwt"文件，如图10-15所示。

02 单击"打开"按钮，即可打开选择的模板文件，如图10-16所示。

图10-15 选择模板文件

图10-16 打开的模板文件

03 然后在文档窗口中选择如图10-17所示的单元格。

04 在菜单栏中执行"插入"|"模板对象"|"可编辑区域"命令，如图10-18所示。

图10-17 选择单元格

图10-18 执行"可编辑区域"命令

05 弹出"新建可编辑区域"对话框,可以在"名称"文本框中输入新的名称,如图10-19所示。

06 单击"确定"按钮,即可插入可编辑区域,在模板中可编辑区域会被突出显示,如图10-20所示。

图10-19 "新建可编辑区域"对话框

图10-20 插入的可编辑区域

> **提 示**
>
> 在定义可编辑区域时,可以定义整个表格或一个单元格为可编辑区域,但不能同时定义几个单元格。AP元素和AP元素中的内容是彼此独立的。将AP元素定义为可编辑,允许改变AP元素的位置;将AP元素中的内容定义为可编辑,则允许改变AP元素中的内容。

▶ 10.3.1 更改可编辑区域的名称

如果在插入可编辑区域时,没有修改可编辑区域的名称,那么可以在"属性"面板中进行修改,具体操作步骤如下所述。

01 在菜单栏中执行"文件"|"打开"命令,在弹出的"打开"对话框中选择随书附带光盘中的"源文件\Templates\index2.dwt"文件,单击"打开"按钮,即可打开选择的模板文件,如图10-21所示。

02 然后单击可编辑区域左上角的选项卡以选中可编辑区域,如图10-22所示。

图10-21 打开的模板文件

图10-22 选择可编辑区域

03 在"属性"面板的"名称"文本框中输入新的名称,如图10-23所示。

04 输入完成后,按Enter键确认,即可将输入的新名称应用于可编辑区域上,效果如图10-24所示。

图10-23 输入新名称　　　　　　图10-24 更改可编辑区域名称后的效果

▶ 10.3.2 删除可编辑区域

下面介绍删除可编辑区域的方法，具体操作步骤如下所述。

01 按Ctrl+O组合键，在弹出的"打开"对话框中选择随书附带光盘中的"源文件\Templates\
index2.dwt"文件，单击"打开"按钮，打开的模板文件如图10-25所示。

02 然后单击可编辑区域左上角的选项卡以选中可编辑区域，如图10-26所示。

图10-25 打开的模板文件　　　　　　图10-26 选择可编辑区域

03 在菜单栏中执行"修改"|"模板"|"删除模板标记"命令，如图10-27所示。

04 即可将可编辑区域删除，但其中的内容会被保留，效果如图10-28所示。

图10-27 执行"删除模板标记"命令　　　　　　图10-28 删除可编辑区域后的效果

🔍 **提 示**

> 如果要删除某个可编辑区域和其中的所有内容，应先选中该可编辑区域，然后按Delete键即可。

10.4 管理模板

模板创建完成后，根据需要可以将模板应用于现有文档、将文档从模板中分离出来以及更新模板等。

▶ 10.4.1 将模板应用于现有文档

在Dreamweaver中，可以将模板应用到现有文档中，具体操作步骤如下所述。

01 按Ctrl+O组合键，在弹出的"打开"对话框中选择随书附带光盘中的"源文件\素材\第10章\图片.html"文件，单击"打开"按钮，打开的素材文件如图10-29所示。

02 在菜单栏中执行"修改"|"模板"|"应用模板到页"命令，如图10-30所示。

图10-29　打开的素材文件　　　　图10-30　执行"应用模板到页"命令

03 弹出"选择模板"对话框，在对话框中的"模板"列表框中选择"index3"模板，如图10-31所示。

04 单击"选定"按钮，系统会将当前文档的可编辑区域与模板的可编辑区域进行匹配，如果匹配则应用模板；如果不匹配，则弹出"不一致的区域名称"对话框，如图10-32所示。

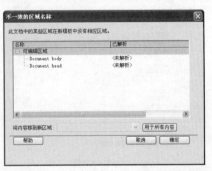

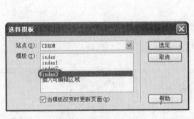

图10-31　选择模板　　　　　　图10-32　"不一致的区域名称"对话框

05 在该对话框中的"名称"列表框中选择"Document body"，在"将内容移到新区域"下拉列表框中选择"EditRegion1";然后在"名称"列表框中选择"Document head",在"将内容移到新区域"下拉列表框中选择"EditRegion1",如图10-33所示。

06 单击"确定"按钮,即可将模板应用于现有文档,如图10-34所示。

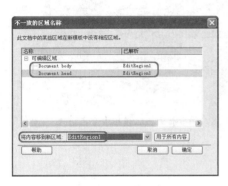

图10-33 匹配区域

图10-34 将模板应用于现有文档

实例:从模板中分离

源 文 件:	源文件\场景\第10章\从模板中分离.html
视频文件:	视频\第10章\10.4.1.avi

利用"从模板中分离"功能,可以将当前文档从模板中分离出来,分离后,该文档和模板没有任何关系;当模板进行更新时,该文档将不能同步更新。但文档的不可编辑区域会变得可以编辑,给修改网页内容带来很大方便。

将当前文档从模板中分离出来的具体操作步骤如下所述。

01 在菜单栏中执行"文件"|"打开"命令,在弹出的"打开"对话框中选择随书附带光盘中的"源文件\素材\第10章\环保网1.html"文件,如图10-35所示。

02 单击"打开"按钮,打开的素材文件如图10-36所示。

图10-35 选择素材文件

图10-36 打开的素材文件

03 在菜单栏中执行"修改"|"模板"|"从模板中分离"命令,如图10-37所示。

04 即可将当前文档从模板中分离出来,如图10-38所示。

图10-37 执行"从模板中分离"命令　　　　图10-38 将当前文档从模板中分离出来

▶ 10.4.2　更新模板

当对模板进行更新后，站点中所有应用了该模板的文档也会进行相应更新。更新模板的具体操作步骤如下所述。

01 按Ctrl+O组合键，在弹出的"打开"对话框中选择随书附带光盘中的"源文件\Templates\index3.dwt"文件，单击"打开"按钮，打开的模板文件如图10-39所示。

02 将光标置入最下面表格的右侧，在菜单栏中执行"插入"|"表格"命令，弹出"表格"对话框，在该对话框中将"行数"和"列"均设置为"1"，将"表格宽度"设置为"680像素"，"边框粗细"、"单元格边距"和"单元格间距"均设置为"0"，单击"确定"按钮，如图10-40所示。

图10-39 打开的模板文件　　　　图10-40 "表格"对话框

03 即可插入表格，在"属性"面板中将"对齐"设置为"居中对齐"，如图10-41所示。

04 将光标置入新插入的表格中，在"属性"面板中将"水平"设置为"居中对齐"，"背景颜色"设置为"#0A9F39"，如图10-42所示。

05 然后在表格中输入文字，如图10-43所示。

06 选择输入的文字，在菜单栏中执行"窗口"|"CSS样式"命令，弹出"CSS样式"面板，然后在样式"z"上单击鼠标右键，在弹出的快捷菜单中执行"应用"命令，如图10-44所示。

图10-41　插入表格

图10-42　设置单元格属性

图10-43　输入文字

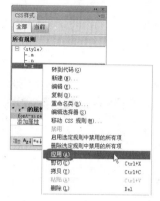

图10-44　执行"应用"命令

07 即可为选择的文字应用该样式，如图10-45所示。

08 在菜单栏中执行"文件"|"保存"命令，如图10-46所示。

图10-45　应用样式

图10-46　执行"保存"命令

09 弹出"更新模板文件"对话框，单击"更新"按钮，如图10-47所示。

10 此时，会弹出"更新页面"对话框，在"查看"下拉列表中选择"整个站点"选项，在右侧的下拉列表中选择"CDROM"，并选中"显示记录"复选框，如图10-48所示。

图10-47 "更新模板文件"对话框

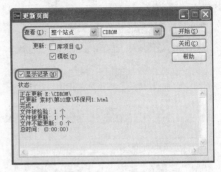

图10-48 "更新页面"对话框

▐▌▐▌ 单击"开始"按钮，更新完成后，在"更新页面"对话框中单击"关闭"按钮，如图10-49所示。

▐▌▐▌ 然后使用浏览器打开应用该模板制作的网页，可以看到自动更新后的效果，如图10-50所示。

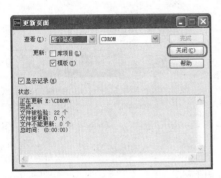

图10-49 单击"关闭"按钮

图10-50 更新的网页

10.5 认识库

在制作网站的过程中，有时需要把一些网页元素应用在数十个甚至数百个页面上，当要修改这些多次使用的页面元素时，如果逐页地修改既费时又费力，但使用Dreamweaver CS6中的库项目，就可以极大减少这种重复的劳动，从而省去许多麻烦。

Dreamweaver CS6允许把网站中需要重复使用或需要经常更新的页面元素（如图像、文本或其他对象等）存入库中，存入库中的元素被称为库项目。需要时，可以把库项目拖放到文档中，这时Dreamweaver会在文档中插入该库项目HTML源代码的一份备份。

10.6 创建库项目

在创建库项目时，应先选取文档body（主体）的某一部分，然后由Dreamweaver将这部分转换为库项目。

Dreamweaver会自动将库文件存储在站点的本地根文件夹下的"Library"子文件夹中。如果此文件夹不存在，当存储一个库文件时，Dreamweaver将自动生成此文件夹。

创建库项目的具体操作步骤如下所述。

01 在菜单栏中执行"文件"|"打开"命令，在弹出的"打开"对话框中选择随书附带光盘中的"源文件\素材\第10章\猫咪网.html"文件，如图10-51所示。

02 单击"打开"按钮，打开的素材文件如图10-52所示。

03 然后在文档窗口中选择如图10-53所示的图片。

图10-51　选择素材文件

图10-52　打开的素材文件

图10-53　选择图片

04 在菜单栏中执行"窗口"|"资源"命令，打开"资源"面板，在该面板中单击"库"按钮，即可显示"库"样式，如图10-54所示。

05 然后单击面板右下角的"新建库项目"按钮，即可将选择的图片转换为库项目，效果如图10-55所示。

06 此时新创建的库项目的名称处于可编辑状态，然后为新创建的库项目输入新的文件名即可，输入完成后，按Enter键确认，如图10-56所示。

图10-54　"库"样式

图10-55　创建的库项目

图10-56　输入库项目名称

10.7　应用库项目

下面介绍应用库项目的方法，具体操作步骤如下所述。

01 在菜单栏中执行"文件"|"打开"命令，在弹出的"打开"对话框中选择随书附带光盘中的"源文件\素材\第10章\猫咪网1.html"文件，如图10-57所示。

02 单击"打开"按钮，打开的素材文件如图10-58所示。

图10-57 选择素材文件

图10-58 打开的素材文件

03 然后将光标放置在如图10-59所示的单元格中。

04 在"资源"面板中单击"库"按钮，即可显示"库"样式，在"名称"列表框中选择"猫咪欣赏"库项目，然后单击下方的"插入"按钮，如图10-60所示。

图10-59 指定光标位置

图10-60 选择库项目

05 即可将选择的库项目插入至文档中，如图10-61所示。

06 保存文档，按F12键在浏览器中预览效果，如图10-62所示。

图10-61 插入库项目

图10-62 预览效果

10.8 编辑库项目

编辑库项目包括更新库项目、重命名库项目以及删除库项目等。

10.8.1 更新库项目

当对库项目进行更新后，站点中所有应用了库项目的文档也会进行相应更新。更新库项目的具体操作步骤如下所述。

01 在菜单栏中执行"文件"|"打开"命令，在弹出的"打开"对话框中选择随书附带光盘中的"源文件\Library\猫咪欣赏.lbi"文件，如图10-63所示。

02 单击"打开"按钮，打开的库项目如图10-64所示。

图10-63　选择库项目

图10-64　打开的库项目

03 在文档窗口中选择如图10-65所示的图片，并单击鼠标右键，在弹出的快捷菜单中执行"源文件"命令。

04 弹出"选择图像源文件"对话框，在该对话框中选择随书附带光盘中的"源文件\素材\第10章\猫咪5.jpg"文件，如图10-66所示。

05 单击"确定"按钮，更改源文件后的效果如图10-67所示。

图10-65　执行"源文件"命令

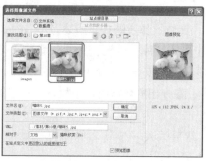

图10-66　"选择图像源文件"对话框

图10-67　更改源文件后的效果

06 在菜单栏中执行"文件"|"保存"命令，如图10-68所示。

07 弹出"更新库项目"对话框，单击"更新"按钮，如图10-69所示。

08 此时，会弹出"更新页面"对话框，在"查看"下拉列表中选择"整个站点"选项，在右侧的下拉列表中选择"CDROM"，如图10-70所示。

图10-68　执行"保存"命令　　　　图10-69　"更新库项目"对话框　　　　图10-70　"更新页面"对话框

09 单击"开始"按钮，更新完成后，在"更新页面"对话框中单击"关闭"按钮，如图10-71所示。

10 然后使用浏览器打开应用该库项目的网页，可以看到自动更新后的效果，如图10-72所示。

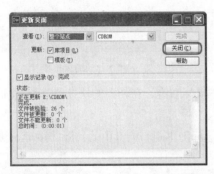

图10-71　单击"关闭"按钮　　　　　　　　图10-72　更新的网页

10.8.2　重命名库项目

　　下面介绍重命名库项目的方法，具体操作步骤如下所述。

01 打开"资源"面板，在该面板中单击"库"按钮，即可显示"库"样式，然后选择需要重命名的库项目，如图10-73所示。

02 在选择的库项目上单击鼠标右键，在弹出的快捷菜单中执行"重命名"命令，如图10-74所示。

03 此时，名称变为可编辑状态，然后输入一个新名称即可，如图10-75所示。

04 输入完成后，按Enter键确认，Dreamweaver会弹出"更新文件"对话框，询问是否更新使用该项目的文档，如图10-76所示，可以根据需要进行选择。

图10-73　选择库项目

图10-74 执行"重命名"命令　　　图10-75 输入名称　　　图10-76 "更新文件"对话框

10.8.3　删除库项目

下面介绍删除库项目的方法，具体操作步骤如下所述。

01 打开"资源"面板，在该面板中单击"库"按钮，即可显示"库"样式，然后选择需要删除的库项目，如图10-77所示。

02 在选择的库项目上单击鼠标右键，在弹出的快捷菜单中执行"删除"命令，如图10-78所示。

03 弹出信息提示对话框，提示是否删除库项目，单击"是"按钮，即可将选择的库项目删除，如图10-79所示。

图10-77　选择库项目　　　图10-78　执行"删除"命令　　　图10-79　信息提示对话框

> **提示**
>
> 单击面板右下角的"删除"按钮，也可以删除选择的库项目。

10.9　拓展练习——使用模板创建网页

源 文 件：	源文件\场景\第10章\使用模板创建网页.html
视频文件：	视频\第10章\10.9.avi

下面介绍使用模板创建网页的方法，效果如图10-80所示。

01 在菜单栏中执行"文件"｜"新建"命令，弹出"新建文档"对话框，选择"模板中的页"选项卡，然后在"站点"下拉列表框中选择"CDROM"选项，在"站点'CDROM'的模板"下拉列表框中选择"盛源大酒店"选项，单击"创建"按钮，如图10-81所示。

图10-80　网页效果

图10-81　"新建文档"对话框

02 即可创建一个基于模板的网页文档，如图10-82所示。

03 将光标置入"网页内容"可编辑区域中，然后在菜单栏中执行"插入"|"表格"命令，弹出"表格"对话框，在该对话框中将"行数"和"列"均设置为"1"，"表格宽度"设置为"798像素"，"边框粗细"、"单元格边距"和"单元格间距"都设置为"0"，如图10-83所示。

图10-82　基于模板的网页文档

图10-83　"表格"对话框

04 单击"确定"按钮，即可插入表格，并将光标置入单元格中。在"属性"面板中将"高"设置为"32"，如图10-84所示。

05 在文档窗口中单击"拆分"按钮，然后将光标放置在如图10-85所示的代码字段中，并按空格键，在弹出的下拉列表框中双击"background"选项。

图10-84　设置单元格高度

图10-85　双击"background"选项

06 然后再在弹出的列表框中单击"浏览"选项，如图10-86所示。

07 弹出"选择文件"对话框，在该对话框中选择随书附带光盘中的"源文件\素材\第10章\导航条背景.jpg"素材文件，并单击"确定"按钮，如图10-87所示。

图10-86　单击"浏览"选项

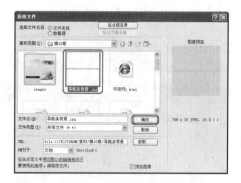

图10-87　选择素材文件

08 即可为光标所在的单元格添加背景图像，然后在文档窗口中单击"设计"按钮，如图10-88所示。

09 然后在添加了背景图像的单元格中输入文字，效果如图10-89所示。

图10-88　添加背景图像

图10-89　输入文字

🔍 提 示

在输入文字的同时，需要配合使用Shift+Ctrl+空格键，来敲打空格。

10 将光标置入表格的右侧，在菜单栏中执行"插入"|"表格"命令，弹出"表格"对话框，在该对话框中将"行数"设置为"5"，"列"设置为"2"，"表格宽度"设置为"780像素"，"边框粗细"和"单元格边距"均设置为"0"，"单元格间距"设置为"4"，如图10-90所示。

11 单击"确定"按钮，即可插入表格，然后在"属性"面板中将"对齐"设置为"居中对齐"，如图10-91所示。

图10-90　"表格"对话框

图10-91　设置对齐方式

⓬ 将光标置入第一个单元格中，然后在"属性"面板中将"宽"设置为"298"，如图10-92所示。

⓭ 在菜单栏中执行"插入"|"表单"|"表单"命令，如图10-93所示。

图10-92　设置单元格宽度　　　　　　　　图10-93　执行"表单"命令

⓮ 即可在光标所在的单元格中插入表单，如图10-94所示。

⓯ 然后在表单中输入文字，效果如图10-95所示。

图10-94　插入的表单　　　　　　　　图10-95　输入文字

⓰ 将光标置入输入的文字右侧，然后在菜单栏中执行"插入"|"表单"|"文本域"命令，如图10-96所示。

⓱ 弹出"输入标签辅助功能属性"对话框，在该对话框中使用默认设置，直接单击"确定"按钮即可，如图10-97所示。

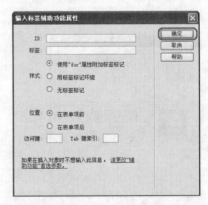

图10-96　执行"文本域"命令　　　　　　图10-97　单击"确定"按钮

18 即可在文字右侧插入文本域，效果如图10-98所示。

19 使用同样的方法，在第三行的第一个单元格中插入表单和文本域，并输入文字，效果如图10-99所示。

图10-98　插入的文本域

图10-99　插入表单对象并输入文字

20 使用前面介绍的方法，在第五行的第一个单元格中插入表单，然后在菜单栏中执行"插入"|"表单"|"按钮"命令，如图10-100所示。

21 在弹出的"输入标签辅助功能属性"对话框中单击"确定"按钮，即可在单元格中插入按钮，效果如图10-101所示。

图10-100　执行"按钮"命令

图10-101　插入按钮

22 使用同样的方法继续插入按钮，并选择插入的按钮，在"属性"面板中选中"重设表单"单选按钮，并在单元格中调整按钮的位置，如图10-102所示。

23 然后在第一行的第二个单元格中输入文字，效果如图10-103所示。

图10-102　插入重置按钮

图10-103　输入文字

㉔ 使用同样的方法，继续在其他单元格中输入文字，效果如图10-104所示。

㉕ 使用前面制作导航条的方法制作"服务项目"导航条，如图10-105所示。

图10-104 输入其他文字　　　　　图10-105 制作"服务项目"导航条

㉖ 将光标置入"服务项目"导航条表格的右侧，然后在菜单栏中执行"插入"|"表格"命令，弹出"表格"对话框，在该对话框中将"行数"设置为"2"，"列"设置为"4"，"表格宽度"设置为"780像素"，"边框粗细"和"单元格边距"均设置为"0"，"单元格间距"设置为"4"，如图10-106所示。

㉗ 单击"确定"按钮，即可插入表格，然后在"属性"面板中将"对齐"设置为"居中对齐"，如图10-107所示。

㉘ 将光标置入第一个单元格中，然后在"属性"面板中将"水平"设置为"居中对齐"，将"宽"设置为"190"，如图10-108所示。

图10-106 "表格"对话框　　图10-107 设置对齐方式　　图10-108 设置单元格属性

㉙ 在菜单栏中执行"插入"|"图像"命令，弹出"选择图像源文件"对话框，在该对话框中选择随书附带光盘中的"源文件\素材\第10章\盛源客房.png"素材文件，单击"确定"按钮，如图10-109所示。

㉚ 即可将选择的素材文件插入至单元格中，如图10-110所示。

㉛ 将光标置入第二行的第一个单元格中，在"属性"面板中将"水平"设置为"居中对齐"，然后在单元格中输入文字，如图10-111所示。

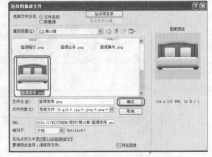

图10-109 选择素材文件

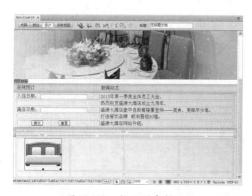

图10-110　插入的素材图像

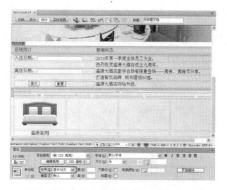

图10-111　设置单元格属性并输入文字

32 然后选择输入的文字，在"属性"面板中单击"编辑规则"按钮，弹出"新建CSS规则"对话框，在该对话框中将"选择器类型"设置为"类（可应用于任何HTML元素）"，将"选择器名称"设为"w"，如图10-112所示。

33 单击"确定"按钮，弹出".w的CSS规则定义"对话框，在左侧的"分类"列表框中选择"类型"选项，然后在右侧的设置区域中将"Font-family"设置为"黑体"，将"Font-size"设置为"18px"，将"Color"设置为"#3D1E00"，如图10-113所示。

图10-112　"新建CSS规则"对话框

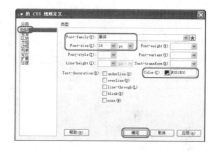

图10-113　".w的CSS规则定义"对话框

34 单击"确定"按钮，即可为选择的文字应用该样式，效果如图10-114所示。

35 使用同样的方法，设置其他单元格的属性，并在单元格中插入素材图像和输入文字，如图10-115所示。

图10-114　应用样式

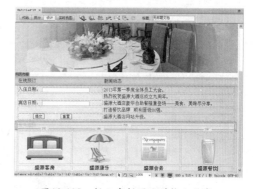

图10-115　插入素材图像并输入文字

36 将光标置入表格的右侧，然后在菜单栏中执行"插入"｜"表格"命令，弹出"表格"对话框，在该对话框中将"行数"和"列"均设置为"1"，"表格宽度"设置为"780像素"，"边框

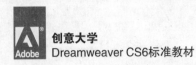
粗细"和"单元格边距"均设置为"0",将"单元格间距"设置为"6",如图10-116所示。

37 单击"确定"按钮,即可插入表格,然后在"属性"面板中将"对齐"设置为"居中对齐",如图10-117所示。

图10-116 "表格"对话框

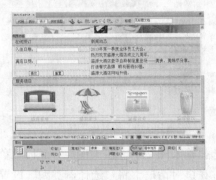

图10-117 设置对齐方式

38 然后在单元格中输入文字,如图10-118所示。

39 选择输入的文字,在"属性"面板中单击"编辑规则"按钮,弹出"新建CSS规则"对话框,在该对话框中将"选择器类型"设置为"类(可应用于任何HTML元素)",将"选择器名称"设为"e",如图10-119所示。

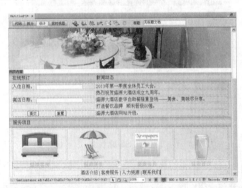

图10-118 输入文字

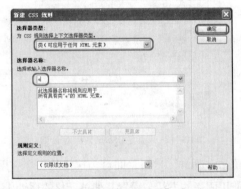

图10-119 "新建CSS规则"对话框

40 单击"确定"按钮,弹出".e的CSS规则定义"对话框,在左侧的"分类"列表框中选择"类型"选项,然后在右侧的设置区域中将"Font-size"设置为"15px",如图10-120所示。

41 单击"确定"按钮,即可为选择的文字应用该样式,如图10-121所示。

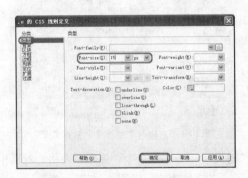

图10-120 ".e的CSS规则定义"对话框

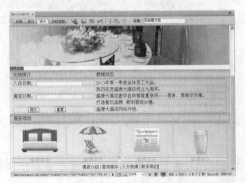

图10-121 应用样式

10.10 本章小结

本章主要介绍了创建模板、创建和修改可编辑区域以及管理模板的方法，最后还介绍了创建、应用以及编辑库项目的方法。

- 在"新建文档"对话框中选择"空白页"选项卡，在"页面类型"下拉列表框中选择"HTML模板"选项，在"布局"下拉列表框中选择"无"选项，单击"创建"按钮，即可创建一个空白的模板文档；在"资源"面板中单击"新建模板"按钮 🔲，也可创建空白模板；在打开的网页文档中执行"文件"|"另存为模板文件"命令，即可将该文件保存为模板文件。
- 在打开的网页文档中选择一个网页对象，在"资源"面板中单击"库"按钮 🔲，显示"库"样式，然后单击面板右下角的"新建库项目"按钮 🔲，即可将选择的网页对象转换为库项目。

10.11 课后习题

1. 选择题

（1）使用Dreamweaver CS6的（　　）功能可以创建出具有相同页面布局、设计风格一致的网页。

    A. 表格　　　　　　B. AP Div　　　　　　C. 模板　　　　　　D. 库

（2）Dreamweaver会自动将（　　）文件存储在站点的本地根文件夹下的"Library"子文件夹中。

    A. 表格　　　　　　B. AP Div　　　　　　C. 模板　　　　　　D. 库

2. 填空题

（1）Dreamweaver会自动将_____存储在站点的本地根文件夹下的"Templates"子文件夹中。

（2）在菜单栏中执行"修改"|_____|_____命令，即可将可编辑区域删除，但其中的内容会被保留。

3. 判断题

（1）模板由可编辑区域和不可编辑区域两部分组成。（　　）

（2）在Dreamweaver中只提供了通过创建空白模板文档和使用"资源"面板创建模板两种创建模板的方法。（　　）

（3）相同布局的页面就可以通过模板创建，从而极大地提高了工作效率。（　　）

4. 上级操作题

利用库项目制作网页，效果如图10-122所示。

图10-122　利用库项目制作网页

第11章
使用表单

　　网站管理员通常会使用表单与用户进行沟通。目前，大多数网站，尤其是大中型网站，都需要与用户进行动态的交流。要实现与用户的交互，表单是必不可少的。本章介绍创建表单及插入表单对象的方法。

学习要点

- 熟悉创建文本表单域的方法
- 熟悉插入文本域的方法
- 掌握插入复选框和单选按钮的方法
- 熟悉列表/菜单

- 掌握跳转菜单
- 掌握使用按钮激活表单的方法
- 掌握文本域

11.1　表单概述

使用表单可以把来自用户的信息提交给服务器，是网站管理者与浏览者之间进行沟通的桥梁。利用表单处理程序，可以收集、分析用户反馈意见，并做出科学、合理的决策，因此它是一个网站成功的重要因素。

有了表单，网站不仅是"信息提供者"，同时也是"信息收集者"，可由被动提供转变为主动"出击"。表单通常用来做调查表、订单和搜索界面等。

表单有两个重要的组成部分：一是描述表单的HTML源代码；二是用于处理用户在表单域中输入的服务器端应用程序客户端脚本，如ASP和CGI等。

通过表单收集到的用户反馈信息通常是一些用分隔符(如逗号、分号等)分隔的文字资料，这些资料可以导入到数据库或电子表格中进行统计、分析，从而成为具有重要参考价值的信息。

11.2　创建表单域

每一个表单中都包括表单域和若干个表单元素，而所有的表单元素都要放在表单域中才会生效，因此，制作表单时要先插入表单域。插入表单域的操作步骤如下所述。

01 按Ctrl+O组合键，在弹出的对话框中选择随书附带光盘中的"源文件\素材\第11章\精英网.html"文件，单击"打开"按钮将其打开，并将光标置入如图11-1所示的单元格中。

02 然后在菜单栏中执行"插入"|"表单"|"表单"命令，如图11-2所示。

图11-1　置入光标

图11-2　执行"表单"命令

03 执行该命令后，在光标所在的单元格中出现红色的虚线框，即为插入的表单，如图11-3所示。

> 🔍 **提示**
>
> 在"表单"插入面板中单击"表单"按钮▢也可插入表单。

在文档窗口中选择创建的表单，此时，会在"属性"面板中显示表单的属性，如图11-4所示。

"属性"面板中的各选项参数功能说明如下。

- 表单ID：输入唯一名称以标识表单。
- 动作：设置处理该表单动态页或脚本的路径。
- "方法"下拉列表：选择表单数据传输到服务器的方法，共包括"默认"、"GET"和

"POST" 3个选项。

- 默认：使用浏览器的默认设置将表单数据发送到服务器。
- GET：将值追加到请求该页的URL中。
- POST：在HTTP请求中嵌入表单数据。

提 示

使用GET方法发送长表单时，URL的长度限制在8192个字符以内。发送的数据量太大，数据将被截断，从而导致意外的或失败的处理结果。

- "编码类型"下拉列表：指定对提交给服务器进行处理的数据使用编码类型。
- "目标"下拉列表：指定一个窗口，这个窗口中显示应用程序或脚本程序。
- "类"下拉列表：可以将CSS规则应用于对象。

图11-3　插入的表单

图11-4　表单"属性"面板

11.3　插入文本域

根据类型属性的不同，文本域可分为3种：单行文本域、多行文本域和密码域。下面介绍插入文本域的方法。

▶ 11.3.1　单行文本域

单行文本域是最常见的表单对象之一，可以在文本域中输入字母、数字和文本等类型的内容。插入单行文本域的具体操作步骤如下所述。

01 按Ctrl+O组合键，在弹出的对话框中选择随书附带光盘中的"源文件\素材\第11章\精英网.html"文件，单击"打开"按钮将其打开，并将光标置入如图11-5所示的单元格中。

02 然后在菜单栏中执行"插入"|"表单"|"文本域"命令，如图11-6所示。

图11-5　置入光标

图11-6　执行"文本域"命令

03 弹出"输入标签辅助功能属性"对话框，在该对话框中使用默认设置，单击"确定"按钮即可，如图11-7所示。

04 此时系统将会自动弹出信息提示对话框，在该信息提示对话框中单击"是"按钮，如图11-8所示。

图11-7 "输入标签辅助功能属性"对话框   图11-8 单击"是"按钮

05 即可在单元格中插入单行文本域，如图11-9所示。

🔍 提 示

在"表单"插入面板中单击"文本字段"按钮 也可插入单行文本域。

在文档窗口中选择插入的单行文本域，此时会在"属性"面板中显示单行文本域的属性，如图11-10所示。

图11-9 插入的单行文本域   图11-10 单行文本域"属性"面板

"属性"面板中各选项参数的功能说明如下。

- 文本域：为该文本域指定一个名称。每个文本域都必须有一个唯一的名称。文本域名称不能包含空格或特殊字符，可以使用字母、数字、字符和下画线的任意组合。
- 字符宽度：设置文本域一次最多可显示的字符数，它可以小于"最多字符数"。
- 最多字符数：设置单行文本域中最多可输入的字符数。例如，可以使用"最多字符数"将邮政编码限制为6位数，将密码限制为10个字符数等。如果将"最多字符数"文本框保留为空白，则可以输入任意数量的文本。如果文本超过域的字符宽度，将滚动显示。如果输入的文本数量超过最大字符数，则表单产生警告声。

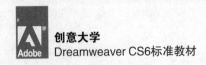
- 类型：显示当前文本字段的类型，包括"单行"、"多行"和"密码"3个单选按钮。
- 初始值：指定在首次载入表单时文本域中显示的值。
- 类：可以将CSS规则应用于对象。

11.3.2 多行文本域

多行文本域与单行文本域类似，只不过多行文本域允许输入更多的文本。插入多行文本域的具体操作步骤如下所述。

01 按Ctrl+O组合键，在弹出的对话框中选择随书附带光盘中的"源文件\素材\第11章\精英网1.html"文件，单击"打开"按钮将其打开，并将光标置入如图11-11所示的单元格中。

02 然后在菜单栏中执行"插入"|"表单"|"文本区域"命令，如图11-12所示。

图11-11 置入光标

图11-12 执行"文本区域"命令

03 弹出"输入标签辅助功能属性"对话框，在该对话框中使用默认设置，直接单击"确定"按钮即可，如图11-13所示。

04 此时系统将会自动弹出信息提示对话框，在该信息提示对话框中单击"是"按钮，即可在单元格中插入多行文本域，如图11-14所示。

图11-13 "输入标签辅助功能属性"对话框

图11-14 插入的多行文本域

🔍 **提示**

在"表单"插入面板中单击"文本区域"按钮█也可插入多行文本域。

多行文本域"属性"面板中的"行数"文本框用于设置多行文本域的高度。多行文本域的其他属性与单行文本域的属性相同，此处不再赘述。

实例：插入密码域

源 文 件：	源文件\场景\第11章\插入密码域.html
视频文件：	视频\第11章\I1.3.2.avi

密码域是特殊类型的文本域。当在密码域中进行输入时，所输入的文本会被替换为星号或项目符号以隐藏该文本，保护这些信息不被别人看到。插入密码域的具体操作步骤如下所述。

01 按Ctrl+O组合键，在弹出的对话框中选择随书附带光盘中的"源文件\素材\第11章\精英网2.html"文件，单击"打开"按钮将其打开，并将光标置入如图11-15所示的单元格中。

02 在"表单"插入面板中单击"文本字段"按钮 ，在弹出的"输入标签辅助功能属性"对话框中单击"确定"按钮，然后在弹出的信息提示对话框中单击"是"按钮，即可插入单行文本域，如图11-16所示。

图11-15　置入光标

图11-16　插入的单行文本域

03 选择插入的单行文本域，然后在"属性"面板中选中"密码"单选按钮，如图11-17所示。

04 保存文档，按F12键在浏览器中预览效果，在密码文本框中输入内容后，会发现输入的内容被替换成黑色的圆点，如图11-18所示。

图11-17　选中"密码"单选按钮

图11-18　输入密码

11.4 复选框和单选按钮

复选框允许在一组选项中选择多个选项，即用户可以选择任意多个适用的选项。单选按钮代表互相排斥的选择。在某个单选按钮组(由两个或多个共享同一名称的按钮组成)中选择一个选项，就会取消对该组中其他所有选项的选择。

11.4.1 复选框

如果从一组选项中选择多个选项，则使用复选框。插入复选框的具体操作步骤如下所述。

01 按Ctrl+O组合键，在弹出的对话框中选择随书附带光盘中的"源文件\素材\第11章\精英网3.html"文件，单击"打开"按钮将其打开，并将光标置入如图11-19所示的单元格中。

02 然后在菜单栏中执行"插入"|"表单"|"复选框"命令，如图11-20所示。

图11-19　置入光标　　　　　　　　　　　图11-20　执行"复选框"命令

03 弹出"输入标签辅助功能属性"对话框，在该对话框中使用默认设置，直接单击"确定"按钮即可，如图11-21所示。

04 此时系统将会自动弹出信息提示对话框，在该信息提示对话框中单击"是"按钮，即可在单元格中插入复选框，如图11-22所示。

图11-21　"输入标签辅助功能属性"对话框　　　　图11-22　插入的复选框

05 然后在插入的复选框后面输入内容，如图11-23所示。

06 使用同样的方法，插入其他复选框，并输入内容，如图11-24所示。

图11-23　输入内容

图11-24　插入其他复选框并输入内容

在文档窗口中选择插入的复选框，此时，会在"属性"面板中显示复选框的属性，如图11-25所示。

图11-25　复选框"属性"面板

"属性"面板中各选项参数的功能说明如下。

- 复选框名称：为该对象指定一个名称。名称必须在该表单内唯一标识该复选框，此名称不能包含空格或特殊字符。
- 选定值：设置在该复选框被选中时发送给服务器的值。
- "初始状态"选项组：确定在浏览器中载入表单时该复选框是否被选中。
- 类：可以将CSS规则应用于对象。

▶ 11.4.2　单选按钮

如果从一组选项中只能选择一个选项时，则需要使用单选按钮。插入单选按钮的具体操作步骤如下所述。

01 按Ctrl+O组合键，在弹出的对话框中选择随书附带光盘中的"源文件\素材\第11章\精英网4.html"文件，单击"打开"按钮将其打开，并将光标置入如图11-26所示的单元格中。

02 然后在菜单栏中执行"插入"|"表单"|"单选按钮"命令，如图11-27所示。

03 弹出"输入标签辅助功能属性"对话框，在该对话框中使用默认设置，直接单击"确定"按钮即可，如图11-28所示。

04 此时系统将会自动弹出信息提示对话框，在

图11-26　置入光标

该信息提示对话框中单击"是"按钮，即可在单元格中插入单选按钮，如图11-29所示。

图11-27　执行"单选　　　图11-28　"输入标签辅助功能属性"　　　图11-29　插入的单选按钮
　　按钮"命令　　　　　　　　对话框

05 然后在插入的单选按钮后面输入内容，如图11-30所示。

06 使用同样的方法，插入其他单选按钮，并输入内容，如图11-31所示。

图11-30　输入内容　　　　　　　　　图11-31　插入其他单选按钮并输入内容

🔍 **提 示**

在"表单"插入面板中单击"单选按钮"按钮◉也可插入单选按钮。

在文档窗口中选择插入的单选按钮，
此时，会在"属性"面板中显示单选按钮
的属性，如图11-32所示。

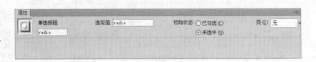

图11-32　单选按钮"属性"面板

"属性"面板中各选项参数的功能说
明如下。

- 单选按钮：给单选按钮命名。
- 选定值：设置单选按钮被选中时的取值。当提交表单时，该值被传送给处理程序(如ASP、CGI脚本)。应赋给同组的每个单选按钮不同的值。
- "初始状态"选项组：指定首次载入表单单选按钮是"已勾选"还是"未选中"状态。
- 类：可以将CSS规则应用于对象。

实例：插入单选按钮组

源 文 件：	源文件\场景\第11章\插入单选按钮组.html
视频文件：	视频\第11章\11.4.2.avi

在Dreamweaver中，使用"单选按钮组"功能可以一次性插入多个单选按钮，具体操作步骤如下所述。

01 按Ctrl+O组合键，在弹出的对话框中选择随书附带光盘中的"源文件\素材\第11章\精英网 5.html"文件，单击"打开"按钮将其打开，并将光标置入如图11-33所示的单元格中。

02 然后在菜单栏中执行"插入"|"表单"|"单选按钮组"命令，如图11-34所示。

图11-33　置入光标

图11-34　执行"单选按钮组"命令

03 弹出"单选按钮组"对话框，在"名称"文本框中输入"性别"，在列表框中单击"标签"下的第一个"单选"标签，此时该标签名处于可编辑状态，然后在文本框中输入"男"，如图11-35所示。

04 使用同样的方法，将第二个"单选"标签名，并更改为"女"，如图11-36所示。

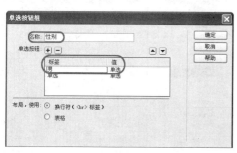

图11-35　"单选按钮组"对话框

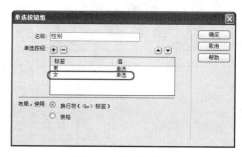

图11-36　更改标签名

05 单击"确定"按钮，此时会弹出如图11-37所示的信息提示对话框，在该对话框中单击"是"按钮。

06 即可在光标所在单元格中插入单选按钮组，效果如图11-38所示。

提 示

在"表单"插入面板中单击"单选按钮组"按钮也可弹出"单选按钮组"对话框。

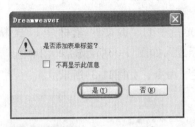

图11-37　单击"是"按钮

图11-38　插入的单选按钮组

11.5　列表/菜单

表单中有两种类型的菜单：一种是用户单击时下拉的菜单，称为下拉菜单；另一种则显示为一个列有项目的可滚动列表，用户可从该列表中选择项目，这被称为滚动列表。插入"选择（列表/菜单）"的具体操作步骤如下所述。

01 按Ctrl+O组合键，在弹出的对话框中选择随书附带光盘中的"源文件\素材\第11章\精英网6.html"文件，单击"打开"按钮将其打开，并将光标置入如图11-39所示的单元格中。

02 然后在菜单栏中执行"插入"|"表单"|"选择（列表/菜单）"命令，如图11-40所示。

03 弹出"输入标签辅助功能属性"对话框，在该对话框中使用默认设置，直接单击"确定"按钮即可，如图11-41所示。

图11-39　置入光标

图11-40　执行"选择（列表/菜单）"命令

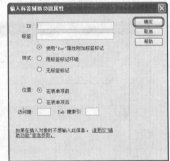

图11-41　"输入标签辅助功能属性"对话框

04 此时系统将会自动弹出信息提示对话框，在该信息提示对话框中单击"是"按钮，即可在单元格中插入列表/菜单，如图11-42所示。

05 选择插入的列表/菜单，然后在"属性"面板中单击"列表值"按钮，如图11-43所示。

06 弹出"列表值"对话框，在该对话框中单击➕按钮，添加项目标签，并输入名称，如图11-44所示。

07 使用同样的方法，添加其他项目标签，并输入名称，如图11-45所示。

图11-42　插入的列表/菜单

图11-43　单击"列表值"按钮

图11-44　添加项目标签

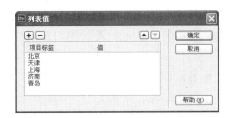

图11-45　添加其他项目标签

08 单击"确定"按钮，效果如图11-46所示。

09 保存文档，按F12键在浏览器中预览效果，如图11-47所示。

图11-46　列表/菜单效果

图11-47　预览效果

🔍 提 示

在"表单"插入面板中单击"选择（列表/菜单）"按钮🗏也可插入列表/菜单。

列表/菜单"属性"面板中各项参数的说明如下。

- 选择：设置列表菜单的名称，这个名称是必须的，而且必须是唯一的。
- 类型：指的是将当前对象设置为下拉菜单还是滚动列表。
- "列表值"按钮：单击该按钮，可以弹出"列表值"对话框，在该对话框中可以增加或修改

创意大学
Dreamweaver CS6标准教材

列表/菜单。当列表或菜单中某项内容被选中，提交表单时它对应的值就会被传送到服务器端的表单处理程序；若没有对应的值，则传送标签本身。

- 初始化时选定：此文本框首先显示"列表值"对话框内的列表菜单内容，然后可在其中设置列表/菜单的初始选择，方法是单击要作为初始选择的选项，若"类型"设置为"列表"，则可初始选择多个选项；若"类型"设置为"菜单"，则只能选择一个选项。
- 类：可以将CSS规则应用于对象。

11.6 跳转菜单

使用跳转菜单可以建立URL与弹出菜单/列表中选项之间的关联。通过从列表中选择一项，浏览器将跳转到指定的URL。插入"跳转菜单"的具体操作步骤如下所述。

图11-48 置入光标

01 按Ctrl+O组合键，在弹出的对话框中选择随书附带光盘中的"源文件\素材\第11章\精英网7.html"文件，单击"打开"按钮将其打开，并将光标置入如图11-48所示的单元格中。

02 然后在菜单栏中执行"插入"|"表单"|"跳转菜单"命令，如图11-49所示。

03 弹出"插入跳转菜单"对话框，在"文本"文本框中输入"前程无忧"，在"选择时，转到URL"文本框中输入"http://www.51job.com"，并选中"菜单之后插入前往按钮"复选框，如图11-50所示。

图11-49 执行"跳转菜单"命令

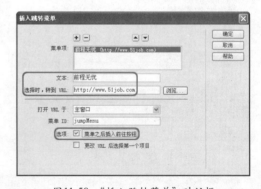

图11-50 "插入跳转菜单"对话框

04 单击"确定"按钮，即可插入跳转菜单，如图11-51所示。

05 保存文档，按F12键在浏览器中预览效果，如图11-52所示。

🔍 提 示

在"表单"插入面板中单击"跳转菜单"按钮也可插入跳转菜单。

图11-51　插入的跳转菜单

图11-52　预览效果

11.7　使用按钮激活表单

按钮对于表单来说是必不可少的，无论对表单进行了什么操作，只要不单击"提交"按钮，服务器与客户之间就不会有任何交互操作。

▶ 11.7.1　插入按钮

使用按钮可以控制表单的操作，可将表单数据提交到服务器。标准的表单按钮通常带有"提交"、"重置"或"发送"等标签，还可以分配其他已经在脚本中定义的处理任务。插入按钮的具体操作步骤如下所述。

01 按Ctrl+O组合键，在弹出的对话框中选择随书附带光盘中的"源文件\素材\第11章\精英网8.html"文件，单击"打开"按钮将其打开，并将光标置入如图11-53所示的单元格中。

02 然后在菜单栏中执行"插入"|"表单"|"按钮"命令，如图11-54所示。

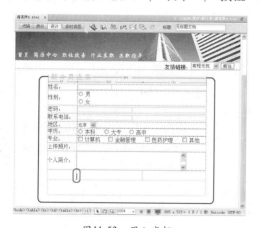

图11-53　置入光标

图11-54　执行"按钮"命令

03 弹出"输入标签辅助功能属性"对话框，在该对话框中使用默认设置，直接单击"确定"按钮即可，如图11-55所示。

04 此时系统将会自动弹出信息提示对话框，在该信息提示对话框中单击"是"按钮，即可在单

元格中插入按钮，如图11-56所示。

图11-55 "输入标签辅助功能属性"对话框

图11-56 插入的按钮

在文档窗口中选择插入的按钮，此时，会在"属性"面板中显示按钮的属性，如图11-57所示。"属性"面板中的各选项参数功能说明如下所述。

- 按钮名称：为该按钮指定一个名称。
- 值：设置按钮上显示的文本。

图11-57 按钮"属性"面板

- "动作"选项组：设置单击该按钮时发生的操作，包括3个选项。
  - 提交表单：单击该按钮，将提交表单数据，该数据将被提交到表单操作属性中指定的页面或脚本。
  - 重设表单：单击该按钮，将清除表单中的内容。
  - 无：单击该按钮时，表单的数据既不提交也不重置。
- 类：使用户可以将CSS规则应用于对象。

▶ 11.7.2 插入图像域

还可以使用图像域来代替按钮。插入图像域的具体操作步骤如下所述。

01 按Ctrl+O组合键，在弹出的对话框中选择随书附带光盘中的"源文件\素材\第11章\精英网9.html"文件，单击"打开"按钮将其打开，并将光标置入如图11-58所示的单元格中。

02 然后在菜单栏中执行"插入"|"表单"|"图像域"命令，如图11-59所示。

03 弹出"选择图像源文件"对话框，在该对话框中选择随书附带光盘中的"源文件\素材\第11章\重置按钮.png"素材文件，如图11-60所示。

04 然后单击"确定"按钮，弹出"输入标签辅助功能属性"对话框，在该对话框中使用默认设置，直接单击"确定"按钮即可，如图11-61所示。

图11-58 置入光标

图11-59 执行"图像域"命令

图11-60 选择素材文件

图11-61 "输入标签辅助功能属性"对话框

05 此时系统将会自动弹出信息提示对话框，在该信息提示对话框中单击"是"按钮，即可在单元格中插入图像域，如图11-62所示。

🔍 提示

在"表单"插入面板中单击"图像域"按钮 🖳 也可插入图像域。

在文档窗口中选择插入的图像域，此时，会在"属性"面板中显示图像域的属性，如图11-63所示。

图11-62 插入的图像域

图11-63 图像域"属性"面板

"属性"面板中各选项的参数功能说明如下。

- 图像区域：为该按钮指定一个名称。
- 源文件：指定该按钮使用的图像。
- 替换：用于输入描述性文本，一旦图像在浏览器中载入失败，将显示这些文本。
- "对齐"下拉列表：用于设置对象的对齐方式。
- "编辑图像"按钮：单击该按钮，启动默认的图像编辑器，并打开该图像文件进行编辑。
- 类：可以将CSS规则应用于对象。

11.8 文件域

文件域用于查找硬盘中的文件路径，然后通过表单将选中的文件上传。在设置电子邮件的附件、上传图片、发送文件时，经常会使用文件域。插入"文件域"的具体操作步骤如下所述。

01 按Ctrl+O组合键，在弹出的对话框中选择随书附带光盘中的"源文件\素材\第11章\精英网10.html"文件，单击"打开"按钮将其打开，并将光标置入如图11-64所示的单元格中。

02 然后在菜单栏中执行"插入"|"表单"|"文件域"命令，如图11-65所示。

图11-64　置入光标　　　　　　　　　　　　图11-65　执行"文件域"命令

03 弹出"输入标签辅助功能属性"对话框，在该对话框中使用默认设置，直接单击"确定"按钮即可，如图11-66所示。

04 此时系统将会自动弹出信息提示对话框，在该信息提示对话框中单击"是"按钮，即可在单元格中插入文件域，如图11-67所示。

图11-66　"输入标签辅助功能属性"对话框　　　　图11-67　插入的文件域

> 🔍 **提示**
>
> 在"表单"插入面板中单击"文件域"按钮 □ 也可插入文件域。

在文档窗口中选择插入的文件域，此时，会在"属性"面板中显示文件域的属性。"属性"面板中各选项参数的功能说明如下。

- 文件域名称：指定该文件域对象的名称。
- 字符宽度：指定该域最多可显示的字符数。
- 最多字符数：指定域中最多可容纳的字符数。
- 类：可以将CSS规则应用于对象。

11.9 拓展练习——制作留言板

源　文　件：	源文件\场景\第11章\制作留言板.html
视频文件：	视频\第11章\11.9.avi

本实例介绍使用表单对象制作留言板的方法，效果如图11-68所示。

01 按Ctrl+O组合键，在弹出的对话框中选择随书附带光盘中的"源文件\素材\第11章\index.html"文件，单击"打开"按钮将其打开，并将光标置入如图11-69所示的单元格中。

图11-68　效果图

图11-69　打开的素材文件

02 然后在菜单栏中执行"插入"|"表单"|"表单"命令，如图11-70所示。

03 即可在光标所在的单元格中插入表单，效果如图11-71所示。

04 将光标置入表单中，然后在菜单栏中执行"插入"|"表格"命令，如图11-72所示。

图11-70　执行"表单"命令

图11-71　插入的表单

图11-72　执行"表格"命令

05 弹出"表格"对话框，在该对话框中将"行数"设为"9"，"列"设为"2"，将"表格宽度"设为"600"，将"边框粗细"、"单元格边距"和"单元格间距"均设为"0"，如图11-73所示。

06 单击"确定"按钮，即可插入表格，确定新插入的表格处于选中状态。在"属性"面板中将"对齐"设为"居中对齐"，如图11-74所示。

07 在文档窗口中选择新插入的所有单元格，然后在"属性"面板中将"高"设为"30"，如图11-75所示。

图11-73　"表格"对话框

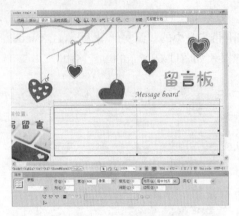

图11-74 设置表格属性

图11-75 设置单元格高度

08 然后选择第一列中的所有单元格，在"属性"面板中将"水平"设为"右对齐"，将"垂直"设为"居中"，将"宽"设为"120"，如图11-76所示。

09 再选择第二列中的所有单元格，在"属性"面板中将"垂直"设为"居中"，如图11-77所示。

图11-76 设置第一列单元格属性

图11-77 设置第二列单元格属性

10 然后在第一列的所有单元格中输入文字，效果如图11-78所示。

11 将光标置入第一行的第二个单元格中，然后在菜单栏中执行"插入"|"表单"|"文本域"命令，如图11-79所示。

图11-78 输入文字

图11-79 执行"文本域"命令

⑫ 弹出"输入标签辅助功能属性"对话框，在该对话框中使用默认设置，直接单击"确定"按钮，如图11-80所示。

⑬ 即可在单元格中插入文本域，效果如图11-81所示。

图11-80　单击"确定"按钮

图11-81　插入的文本域

⑭ 使用同样的方法，在"电子邮箱："、"QQ号码："和"标题："文字右侧的单元格中插入文本域，如图11-82所示。

⑮ 将光标置入"性别："右侧的单元格中，然后在菜单栏中执行"插入"|"表单"|"单选按钮"命令，如图11-83所示。

图11-82　在其他单元格中插入文本域

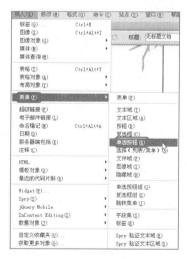

图11-83　执行"单选按钮"命令

⑯ 弹出"输入标签辅助功能属性"对话框，在该对话框中使用默认设置，直接单击"确定"按钮，即可在单元格中插入单选按钮，如图11-84所示。

⑰ 然后选中插入的单选按钮，在"属性"面板中将"初始状态"设为"已勾选"，如图11-85所示。

⑱ 然后在单选按钮右侧输入文字"男"，如图11-86所示。

⑲ 使用同样的方法，继续在该单元格中插入单选按钮，并输入文字，效果如图11-87所示。

图11-84　插入的单选按钮

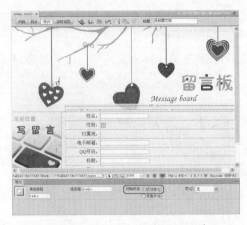

图11-85　设置单选按钮的初始状态

图11-86　输入文字

图11-87　插入单选按钮并输入文字

⑳ 将光标置入"归属地："右侧的单元格中，然后在菜单栏中执行"插入"|"表单"|"选择（列表/菜单）"命令，如图11-88所示。

㉑ 弹出"输入标签辅助功能属性"对话框，在该对话框中使用默认设置，直接单击"确定"按钮，即可在单元格中插入列表/菜单，如图11-89所示。

图11-88　执行"选择（列表/菜单）"命令

图11-89　插入的列表/菜单

22 选择插入的列表/菜单，然后在"属性"面板中单击"列表值"按钮，弹出"列表值"对话框，在该对话框中单击➕按钮，添加项目标签，并输入名称，如图11-90所示。

23 单击"确定"按钮，即可完成"列表值"对话框的设置，效果如图11-91所示。

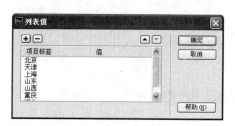

图11-90 添加项目标签

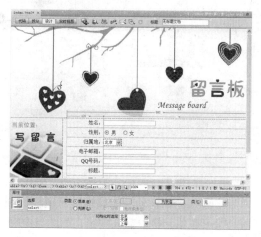

图11-91 设置"列表值"效果

24 将光标置入"正文："右侧的单元格中，然后在菜单栏中执行"插入"|"表单"|"文本区域"命令，如图11-92所示。

25 弹出"输入标签辅助功能属性"对话框，在该对话框中使用默认设置，直接单击"确定"按钮，即可在单元格中插入文本区域，如图11-93所示。

图11-92 执行"文本区域"命令

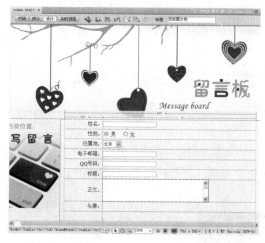

图11-93 插入的文本区域

26 将光标置入"头像："右侧的单元格中，然后在菜单栏中执行"插入"|"表单"|"文件域"命令，如图11-94所示。

27 弹出"输入标签辅助功能属性"对话框，在该对话框中使用默认设置，直接单击"确定"按钮，即可在单元格中插入文件域，如图11-95所示。

28 将光标置入最后一行的第二个单元格中，在菜单栏中执行"插入"|"表单"|"按钮"命令，如图11-96所示。

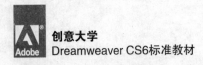

创意大学
Dreamweaver CS6标准教材

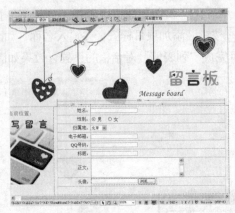

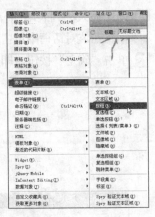

图11-94　执行"文件域"命令　　　　图11-95　插入的文件域　　　　图11-96　执行"按钮"命令

29 弹出"输入标签辅助功能属性"对话框，在该对话框中使用默认设置，直接单击"确定"按钮，即可在单元格中插入按钮，如图11-97所示。

30 使用同样的方法，继续插入按钮，然后选择插入的按钮，在"属性"面板中将"动作"设为"重设表单"，如图11-98所示。

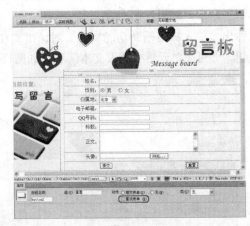

图11-97　插入的按钮　　　　　　　　图11-98　设置按钮动作

31 设置完成后，将文档保存，然后按F12键预览效果。

11.10　本章小结

本章主要介绍了表单及表单对象的创建方法，并对它们的功能属性进行了详细介绍。表单对象包括文本域、复选框、单选按钮、跳转菜单和按钮等。

- 在菜单栏中执行"插入"|"表单"|"文本域"命令，或者在"表单"插入面板中单击"文本字段"按钮□即可插入单行文本域。在文本域的"属性"面板中可以通过"类型"选项将单行文本域更改为多行文本域或密码域。
- 在菜单栏中执行"插入"|"表单"|"复选框"或"单选按钮"命令，即可插入复选框或单选按钮。如果从一组选项中选择多个选项，则使用复选框；如果从一组选项中只能选择一个选

262

项时，则需要使用单选按钮。

● 在菜单栏中执行"插入"|"表单"|"跳转菜单"命令，即可插入跳转菜单，使用跳转菜单可以建立URL与弹出菜单/列表中选项之间的关联。通过从列表中选择一项，浏览器将跳转到指定的URL。在菜单栏中执行"插入"|"表单"|"文件域"命令，即可插入文件域，文件域用于查找硬盘中的文件路径，然后通过表单将选中的文件上传。

11.11 课后习题

1. 选择题

（1）所有表单元素需要放在（　　）中才会生效。

　　A. 表格　　　　　　　B. AP Div　　　　　C. Div 标签　　　　D. 表单域

（2）（　　）是最常见的表单对象之一，用户可以在文本域中输入字母、数字和文本等类型的内容。

　　A. 单行文本域　　　　B. 密码域　　　　　C. 复选框　　　　　D. 列表/菜单

（3）（　　）允许在一组选项中选择多个选项，用户可以选择任意多个适用的选项。

　　A. 单行文本域　　　　B. 密码域　　　　　C. 复选框　　　　　D. 列表/菜单

2. 填空题

（1）根据类型属性的不同，文本域可分为3种：＿＿＿＿＿、＿＿＿＿＿和＿＿＿＿＿。

（2）使用＿＿＿＿＿＿＿可以控制表单的操作，可将表单数据提交到服务器。标准的表单＿＿＿＿＿通常带有＿＿＿＿＿、＿＿＿＿＿或"发送"等标签，还可以分配其他已经在脚本中定义的处理任务。

（3）＿＿＿＿＿＿用于查找硬盘中的文件路径，然后通过表单将选中的文件上传。

3. 判断题

（1）利用表单处理程序是一个网站成功的重要因素。（　　）

（2）使用GET方法发送长表单时，URL的长度限制在8198个字符以内。（　　）

（3）在Dreamweaver中，使用"单选按钮"功能可以一次性插入多个单选按钮。（　　）

4. 上机操作题

根据本章介绍的内容制作一个留言板，效果如图11-99所示。

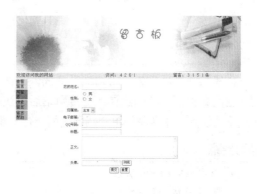

图11-99　会员注册网站

第12章
网站的上传与维护

创建完网页后，先对网站进行测试，测试完成后，在网上注册一个域名，并申请一个网页空间，然后将网站上传。上传网站后，还需要对网站硬件以及软件进行维护，从而防止病毒的侵入。本章将简单介绍网站的上传与维护。

学习要点

- 熟悉网站的优化方法
- 掌握网站的测试方法
- 熟悉上传网站的方法

- 熟悉网站宣传的方法
- 了解防火墙
- 掌握网络安全性的解决方法

12.1 网站优化

网站优化主要是针对HTML源代码。因为在制作网页时，会产生很多无用代码，这些代码不仅增大了网页文档的容量，延长了下载时间，在使用浏览器进行浏览时还容易出错。因此，为了减少网页文档容量，降低浏览网页时的出错率，在上传网站之前，首要的工作就是对网站进行优化。

▶ 12.1.1 清理不必要的HTML

通过使用Dreamweaver中提供的"清理XHTML"命令，可以减少无用代码的数量，具体的操作步骤如下所述。

01 在菜单栏中执行"命令"|"清理XHTML"命令，如图12-1所示。

02 弹出"清理HTML/XHTML"对话框，如图12-2所示，在该对话框中选中需要清理的内容，包括"空标签区块"、"多余的嵌套标签"或"不属于Dreamweaver的HTML注解"等。

图12-1 执行"清理XHTML"命令

图12-2 "清理HTML/XHTML"对话框

03 然后单击"确定"按钮，即可完成对页面指定内容的清理。

▶ 12.1.2 清理Word生成的HTML

由于在制作网页时可能会用到如Word之类的工具软件，因此使用这些软件制作的网页，可能会产生无用的代码。

通过使用Dreamweaver中提供的"清理Word生成的HTML"命令，可以清理由Word软件生成的无用代码，具体操作步骤如下所述。

01 在菜单栏中执行"命令"|"清理Word生成的HTML"命令，如图12-3所示。

02 弹出"清理Word生成的HTML"对话框，在"基本"选项卡中可以设置要清理的内容，包括"删除所有Word特定的标记"或"应用源格式"等内容，如图12-4所示。

03 单击"详细"选项卡，在该选项卡中可以进一步设置要清理的Word文档中的特定标记以及CSS样式表的内容，如图12-5所示。

04 然后单击"确定"按钮，即可完成对页面中由Word生成的HTML内容的清理。

图12-3 执行"清理Word生成的HTML"命令

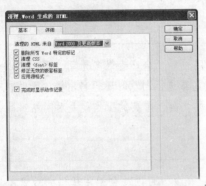

图12-4 "基本"选项卡

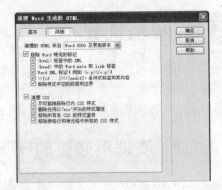

图12-5 "详细"选项卡

12.2 网站测试

网站优化之后，就需要在本地对自己的网站进行测试，以免上传后出现错误，给修改带来不必要的麻烦。

▶ 12.2.1 生成站点报告

在Dreamweaver CS6中可以对当前文档、选定的文件、整个站点的工作流程或HTML属性（包括辅助功能）运行站点报告。

生成站点报告的具体操作步骤如下所述。

01 在菜单栏中执行"站点"|"报告"命令，如图12-6所示。

02 弹出"报告"对话框，如图12-7所示。在"报告在"下拉列表中，可以选择对当前文档、对整个当前本地站点、对站点中的已选文件还是对文件夹查看报告。在"选择报告"列表框中，可以详细地设置要查看的工作流程和HTML报告中的具体信息。

图12-6 执行"报告"命令

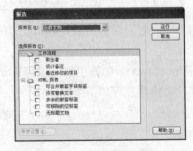

图12-7 "报告"对话框

03 单击"运行"按钮，即可在"站点报告"面板中生成站点报告，如图12-8所示。

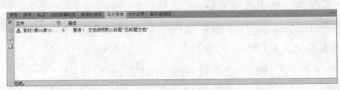

图12-8 "站点报告"面板

12.2.2　测试浏览器的兼容性

　　Dreamweaver的浏览器兼容性检查功能可以对文档的代码进行测试，该检查不会对文档进行更改。具体操作步骤如下所述。

01　在菜单栏中执行"文件"|"检查页"|"浏览器兼容性"命令，如图12-9所示。

02　系统开始对当前页面进行检查，并在"浏览器兼容性"面板中列出一个报告单，如图12-10所示。

图12-9　执行"浏览器兼容性"命令　　　　　　图12-10　"浏览器兼容性"面板

12.2.3　链接测试

　　如果网页中存在链接错误，这是很难察觉的。而通过使用Dreamweaver中的"检查当前文档中的链接"或"检查整个当前本地站点的链接"功能，可以帮助快速检查站点中网页的链接，避免出现链接错误。具体操作步骤如下所述。

01　在菜单栏中执行"窗口"|"结果"|"链接检查器"命令，如图12-11所示。

02　打开"链接检查器"面板，单击面板左上角的"检查链接"按钮，在弹出的下拉列表中选择要检查的范围，这里选择"检查当前文档中的链接"选项，如图12-12所示。

图12-11　执行"链接检查器"命令　　　　　　图12-12　选择"检查当前文档中的链接"选项

03 即可在面板中显示出当前文档中链接检查的报告单，如图12-13所示。

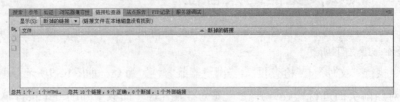

图12-13　链接检查的报告单

04 在"显示"下拉列表中可以选择要检查的链接方式，如图12-14所示。

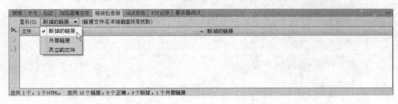

图12-14　选择链接方式

- 断掉的链接：检查文档中是否存在断开的链接，这是默认的选项。
- 外部链接：检查文档中的外部链接是否有效。
- 孤立的文件：检查站点中是否存在孤立的文件。所谓孤立的文件，就是没有任何链接引用的文件。该选项只在检查整个当前本地站点链接的操作中才有效。

12.3　上传网站

将网站上传到网络服务器之前，首先要在网络服务器上注册域名和申请网络空间，同时，还要设置远程主机信息，最后将网站上传。

▶ 12.3.1　注册域名

网站建设好之后，就要在网上给网站注册个标识，即域名，这是迈向电子商务成功之路的第一步。有了它，只要在浏览器的地址栏中输入几个字母，世界上任何一个地方的任何一个人就都能马上看到制作的精彩网站内容。

域名就是用来表示一个单位、机构或个人在Internet上有一个确定的名称或位置的。它类似于互联网上的门牌号，是用于识别和定位互联网上计算机的层次结构式字符标识。域名属于互联网上的基础服务，基于域名可以提供WWW、E-mail及FTP等应用服务。

域名可以说是企业的网上商标，所以在域名的选择上要与注册商标相符合，以便于记忆。在注册域名时要注意：现在有不少的域名注册服务商在注册国际域名时，往往会将域名的管理联系人等项目改为自己公司的信息，因此，这个域名实际上并不为个人所有。

申请域名的步骤如下：

（1）准备申请资料。

（2）寻找域名注册商。

（3）查询域名。

（4）正式申请。

（5）申请成功。

12.3.2 申请空间

拥有网站域名后，下面需要申请一个存放站点文件的网站空间。网站空间有免费空间和收费空间两种，对于刚学会做网站的用户来说，可以先申请免费空间使用。免费空间只需向空间的提供服务器提出申请，在得到答复后，按照说明上传主页即可。使用免费空间美中不足的是：网站的空间有限、提供的服务一般、空间不是非常稳定、域名不能随心所欲。

12.3.3 配置远程信息

完成域名和空间的申请后就可以将测试完成的站点上传到远程服务器上，具体操作步骤如下所述。

01 在菜单栏中执行"站点"|"管理站点"命令，如图12-15所示。

02 弹出"管理站点"对话框，在该对话框中选择需要管理的站点，然后单击"编辑当前选定的站点"按钮，如图12-16所示。

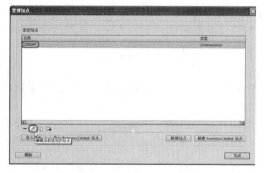

图12-15 执行"管理站点"命令　　　　图12-16 "管理站点"对话框

03 弹出"站点设置对象 CDROM"对话框，在该对话框中选择"服务器"选项卡，然后单击"添加新服务器"按钮，如图12-17所示。

04 在弹出的如图12-18所示的面板中输入"服务器名称"，在"连接方法"下拉列表中选择"FTP"模式，在"FTP地址"文本框中输入上传站点文件的FTP主机的IP地址，然后在"用户名"和"密码"文本框中输入用户名和密码。

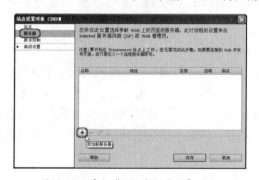

图12-17 单击"添加新服务器"按钮　　　　图12-18 设置参数

05 设置完成后，单击"保存"按钮，返回到"站点设置对象 CDROM"对话框中，再次单击"保存"按钮，返回到"管理站点"对话框中，然后单击"完成"按钮。

▶ 12.3.4　上传网站

　　下面介绍上传网站的方法，具体操作步骤如下所述。

01 在"文件"面板中单击"展开以显示本地和远端站点"按钮 🖼。

02 打开上传文件窗口，在窗口中单击"连接到远程服务器"按钮 🔌。

03 连接到服务器后，在"文件"面板左侧的"本地文件"中选择要上传的文件，然后单击工具栏中的向"远程服务器"上传文件按钮 ⬆，开始上传网页。

12.4　网站宣传

　　在信息时代化的今天，网络已经成为现代人生活中必不可少的一个重要部分。很多企业都有了自己的网站。如果希望尽可能多的人知道并访问自己的站点，关键就是要宣传。宣传手法多种多样，本节就来介绍几种最常用的方法。

▶ 12.4.1　通过新闻媒体进行宣传

　　可以借助电视、广播、报纸杂志以及其他印刷品等对网站进行宣传。

　　目前，电视是最大的宣传媒体。如果在电视中做广告，一定能收到像其他电视广告商品一样家喻户晓的效果，但对于个人网站而言就不太适合了。也可以写一些有关站点特色内容的报道寄到比较有影响的报纸杂志处，以寻求帮助。

▶ 12.4.2　搜索引擎

　　搜索引擎是一个进行信息检索和查询的专门网站，是许多网友查询网上信息和在网上进行冲浪的第一去处，所以在知名的网站中注册搜索引擎，可以提高网站的访问量，是推广和宣传主页的首选方法。如果注册的搜索引擎数目越多，则主页被访问的可能性就越大。

▶ 12.4.3　利用电子邮件

　　如果手中有许多朋友或者用户的电子邮件地址，可以考虑利用电子邮件通知他们来访问。这个方法对熟悉的朋友使用还可以，或者在主页上提供更新网站邮件订阅功能，这样在网站被更新后，便可通知他们了，如果随便向不认识的网友发E-mail宣传主页的话，就不太友好了，有些网友会认为那是垃圾邮件，以至于留下不好的印象，并列入黑名单或拒收邮件列表内，这样对提高网站的访问率并无实质性的帮助。

▶ 12.4.4　与相关网站做友情链接

　　对于个人网站来说，友情链接可能是最好的宣传网站方式。目前许多网站都有宣传的积极性，因此大多数站点都愿意与别人的主页做友情链接，在他们的主页上都有专门提供友情链接的地方，和访问量大的、优秀的个人主页相互交换链接，能极大地提高主页的访问量。

不过这里要注意的是，最好能链接一些流量比自己高的，有知名度的网站，还有就是内容互补的网站。

12.4.5　使用留言板

处处留言、引人注意也是种很好地宣传网站的方法。在网上浏览、访问别人的网站时，可以考虑在这个网站的留言板中留下赞美的语句，并把网站的简介、地址一并写下来，一旦其他网友看到留言时，就有可能见到网站的地址而顺便去拜访主页了。

12.5　如何维护网站

网站做好后，要进行相应的维护。网站维护是为了让网站能够长期稳定地运行在Internet上。网站维护包括以下几方面。

- 服务器及相关软硬件的维护，对可能出现的问题进行评估，制定响应时间。
- 数据库维护有效地利用数据是网站维护的重要内容，因此数据库的维护要受到重视。
- 内容的更新、调整等。
- 制定相关网站维护的规定，将网站维护制度化、规范化。
- 做好网站安全管理，防范黑客入侵网站，检查网站各个功能，链接是否有错。

12.5.1　网站的硬件维护

硬件的维护中最主要的就是服务器，一般中等以上的公司可以选择使用自己的服务器。在服务器的选择上，尽量选择正规品牌专用的服务器，不要使用PC代替。因为专用的服务器中有多个CPU，并且硬盘各方面的配置也比较优秀，在稳定性和安全性上都会有保证。如果其中一个CPU或硬盘坏了，别的CPU和硬盘还可以继续工作，不会影响网站的正常运行。

网站机房通常要注意室内的温度、湿度以及通风性，这些将影响服务器的散热和性能的正常发挥。如果有条件，最好使用两台或两台以上的服务器，所有配置最好都是一样的，因为服务器经过一段时间要进行停机检修，在检修的时候可以运行别的服务器来工作，这样不会影响网站的正常运行。

12.5.2　网站的软件维护

软件管理也是确保一个网站能够良好运行的必要条件，通常包括服务器的操作系统配置、网站内容更新、数据的备份以及网络安全的防护等。

1. 服务器的操作系统配置

一个网站能否正常运行，硬件环境是一个先决条件，但是服务器操作系统的配置是否可行、性能是否稳定，则是一个网站能否良好长期运行的保证。除了要定期对这些操作系统进行维护外，还要定期对操作系统进行更新，使用最先进的操作系统。一般来说，操作系统中软件安装的原则是少而精，就是在服务器中安装的软件应尽可能地少，只安装一些必须使用的软件即可，这

样不仅可以防止软件之间的冲突，还可以节省系统资源，可最大程度地保证系统的安全运行。因为很多病毒或者木马程序会通过安装软件的漏洞来威胁服务器，从而造成严重的损失。

2. 网站内容更新

网站的创建并不是一成不变的，还要对其进行定期更新。对于网站来说，只有不断地更新内容，才能保证网站的生命力，否则网站不仅不能起到应有的作用，反而会对企业自身形象造成不良影响。除了更新网站的信息外，还要更新或调整网站的功能和服务。对网站中的废旧文件要随时清除，以提高网站的精良性，从而提高网站的运行速度。还要以一个旁观者的身份来多光顾自己的网站，从而客观地看待及评价与别的优秀网站相比还有哪些不足，然后再进一步地来完善功能和服务。最后就是要时时关注互联网的发展趋势，随时调整网站，使其顺应潮流，以便给别人提供更便捷和贴切的服务。

3. 数据的备份

所谓数据的备份，就是对网站中的数据进行定期备份，这样既可以防止服务器出现突发错误丢失数据，又可以防止网站被黑客入侵进行破坏。如果有了定期的网站数据备份，那么即使网站被黑客破坏了，也不会影响正常运行。

4. 网络安全的防护

所谓网络的安全防护，就是防止网站被别人非法侵入和破坏。随着黑客人数日益增长和一些入侵软件昌盛，网站的安全日益遭到挑战，这就需要一定要做好网络的安全防护。网站安全的隐患主要是源于网站的漏洞存在，首要的一点是要注意及时下载和安装软件的补丁程序，没有任何一个软件是完美的，都会存在大大小小的漏洞，因此必须随时关注网站，如果出现漏洞，要尽快进行下载安装。

另外，还要在服务器中安装、设置防火墙。防火墙虽然是确保安全的一个有效措施，但也不能确保绝对安全，为此，还应该使用其他安全措施。另外一点就是要时刻注意病毒的问题，要时刻对服务器进行查毒、杀毒等操作，一旦发现问题应及时进行处理，以确保系统的安全运行。

12.6 攻击的类型

计算机网络具有连接形式多样性、终端分布不均匀性和网络的开放性、互联性等特征，致使网络易受黑客、恶意软件和计算机病毒的攻击。例如，现在的病毒以破坏正常的网络通信、偷窃数据为目的的越来越多，它们和木马相配合，可以控制被感染的工作站，并将数据自动传给发送病毒者，或者破坏工作站的软硬件，其危害相当恶劣。因此，只有加强对计算机的安全维护和防范，才能确保不被黑客和病毒攻击，从而保证网站安全运行。

黑客指的是熟悉特定的计算机操作系统，并且具有较强的技术能力，专门研究、发现计算机和网络漏洞或者恶意进入他人计算机系统的网络高手。黑客利用个人技术查询或恶意破坏重要数据、修改系统文件导致计算机系统瘫痪。黑客的攻击程序危害性非常大，一旦入侵成功，就可以随意更改网站的内容，使网站无法访问或者直接瘫痪。从某种意义上讲，黑客对计算机网络安全的危害甚至比一般的计算机病毒更为严重。

▶ 12.6.1　病毒

目前，网络安全的头号大敌是计算机病毒，它是编制或者在计算机程序中插入的破坏计算机功能或者破坏数据，影响计算机使用并且能够自我复制的一组计算机指令或者程序代码。计算机病毒具有繁殖性、传染性、潜伏性、隐蔽性、破坏性和可触发性几大特点，病毒的种类也不断变化，破坏范围也由软件扩大到硬件。新型病毒正向着更具破坏性、更加隐蔽、传染率更高、传播速度更快、适应平台更广的方向发展。

计算机病毒类似于生物病毒，它们会将自己附着在已经存在的计算机程序上，当受到病毒感染的计算机运行程序时，程序就会加载到内存当中，能够对计算机系统进行各种破坏。与此同时，病毒代码也会加载到内存里，开始自己的活动。病毒代码的作用有两种：一是完成它们既定的工作，如对硬盘进行格式化、显示消息等；二是将自己附加到其他程序上，感染其他程序。被感染的程序可通过Internet或者磁盘传送到其他计算机上，进而使其他计算机也受到感染，这就是病毒扩散的机制和原理。

▶ 12.6.2　蠕虫

蠕虫病毒是自包含的程序（或是一套程序），它能传播它自身功能的复制或它的某些部分到其他的计算机系统中（通常是经过网络连接）。蠕虫病毒的公有特性是通过网络或者系统漏洞进行传播，大部分的蠕虫病毒都有向外发送带毒邮件、阻塞网络的特性，比如冲击波(阻塞网络)、小邮差(发带毒邮件)等。

蠕虫与病毒不是同一个概念，它们有相同的地方，也有很多不同之处。相同之处在于蠕虫也是通过自身的繁殖和扩散来感染多台计算机，并进而对多台计算机的安全造成破坏性的影响；它们之间的不同之处在于传播方式，病毒是通过附着在其他程序上来进行传播的，而蠕虫本身就是一个自包含的程序，或者说是一组程序，一旦它们成功地突破了计算机的安全防护，就会将自己复制到其他计算机中，周而复始，一旦蠕虫被激活，它就会完全按照自己的方式行事。

蠕虫病毒包含两种类型：主计算机蠕虫与网络蠕虫。主计算机蠕虫完全包含在它们运行的计算机中，并且使用网络的连接仅将自身复制到其他的计算机中，主计算机蠕虫在将其自身的复制加入到另外的主机后，就会终止它自身。蠕虫病毒的一般防治方法是：使用具有实时监控功能的杀毒软件，并且注意不要轻易打开不熟悉的邮件附件。

▶ 12.6.3　木马

"木马"程序是目前比较流行的病毒文件，与一般的病毒不同，它不会自我繁殖，也并不刻意地去感染其他文件，它通过将自身伪装吸引用户下载执行，向施种木马者提供打开被种者计算机的门户，使施种者可以任意毁坏、窃取被种者的文件，甚至远程操控被种者的计算机。

计算机中的木马实际上是由黑客编写的程序，看上去它毫无害处，而且还颇有些用途，可实际上却包含着隐藏的祸心，它可能是一个简单的计算器程序，也可能是一个有趣的游戏，还可能是朋友通过邮件发给你的漂亮程序中的一个。当运行这类程序时，它们看上去可能很正常，和其他的安全程序没有什么差别，可实际上它们却在从事一些和程序毫不相干的事情，执行着一些难以料到的命令，或是在谋略格式化硬盘，或是将用户的密码文件通过电子邮件的方式发送给黑客等。所有的这些都是在屏幕的后面、在用户不了解的情况下进行的。这类攻击很难发现，对它最

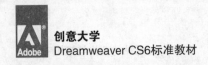

好的防范措施就是弄清程序的来源，知道准备运行的程序是什么。如果在接收电子邮件时收到了莫名其妙的附件，最好不要打开它。

木马的传播方式主要有两种：一种是通过E-Mail，控制端将木马程序以附件的形式夹在邮件中发送出去，收信人只要打开附件，系统就会感染木马；另一种是软件下载，一些非正规的网站以提供软件下载为名义，将木马捆绑在软件安装程序上，下载后，只要一运行这些程序，木马就会自动安装。

12.6.4 拒绝服务

拒绝服务攻击即攻击者想办法让目标机器停止提供服务，是黑客常用的攻击手段之一。在Internet上，有很多计算机为自己的用户提供服务，黑客们发起的攻击中有一些正是针对这一点而来的，他们通过攻击相应的计算机阻止用户利用那些计算机，这类攻击被称为拒绝服务(DOS)攻击。

拒绝服务攻击问题一直得不到合理的解决，究其原因是由于网络协议本身的安全缺陷造成的，从而拒绝服务攻击也成了攻击者的终极手法。攻击者进行拒绝服务攻击，实际上让服务器实现两种效果：一是迫使服务器的缓冲区满，不接收新的请求；二是使用IP欺骗，迫使服务器把合法用户的连接复位，从而影响合法用户的连接。

12.6.5 电子欺骗

电子欺骗是另一种类型的攻击方式，实际上就是伪装成另一种不同的身份，现在这类欺骗的方式多如牛毛。例如，伪装电子邮件，使得所发出的电子邮件像是来自于其他人员；伪装IP地址，使得数据似乎是来自于另一台计算机；世界性的新闻组网络系统(USENET)中的新闻张贴功能也容易被欺骗，这样就可以匿名的方式张贴信息，或者是伪装成其他人张贴信息；伪装Web页面，当访问者浏览Web页面时，他们所见到的很可能并不是他们所希望浏览的站点中的页面。这类电子欺骗十分常见，它们通常是和其他的攻击方式结合在一起使用的。毕竟，当一个黑客准备攻击其他计算机时，最不愿意见到的事情就是暴露身份。

12.6.6 物理攻击

除了前面介绍的各类攻击外，千万别忘了还存在着另一类攻击，即物理攻击。黑客们为了猜出用户的密码，可能会不断地输入各种可能的密码组合。另外，如果黑客们瞄上了那些存储在计算机中的数据，他们甚至可能强行闯入房间，或者简单地将计算机偷走。当然，如果用户忘记了给屏幕保护程序加上密码，那么就更简单了，不必偷走计算机就可以获得其中的数据。

虽然这些攻击方式并不能算是真正意义上的黑客行为，可一有人希望突破安全防范却无从着手时，他们是有可能采取这类攻击行动的。

12.7 了解防火墙

所谓防火墙指的是一个由软件和硬件设备组合而成、在内部网和外部网之间、专用网与公共网之间的界面上构造的保护屏障，是一种获取安全性方法的形象说法，它是一种计算机硬件和软件的结合，使Internet与Intranet之间建立起一个安全网关（Security Gateway），从而保护内部网免受非法用户的侵入。防火墙主要由服务访问规则、验证工具、包过滤和应用网关4个部分组成。防火墙就是一个位于计算机和它所连接的网络之间的软件或硬件。该计算机流入流出的所有网络通信和数据包均要经过此防火墙。

12.7.1 防火墙的功能

防火墙最基本的功能就是控制在计算机网络中，不同信任程度区域间传送的数据流。例如互联网是不可信任的区域，而内部网络是高度信任的区域。它又控制信息基本的任务在不同信任的区域。典型信任的区域包括互联网(一个没有信任的区域)和一个内部网络(一个高信任的区域)。最终目标是提供受控的连通性在不同水平的信任区域中通过安全政策的运行。

防火墙对流经它的网络通信进行扫描，这样能够过滤掉一些攻击，以免其在目标计算机上被执行。防火墙还可以关闭不使用的端口。而且它还能禁止特定端口的流出通信，封锁特洛伊木马。最后，它可以禁止来自特殊站点的访问，从而阻止来自不明入侵者的所有通信。

1. 防火墙是网络安全的屏障

一个防火墙(作为阻塞点、控制点)能极大地提高一个内部网络的安全性，并通过过滤不安全的服务而降低风险。只有经过精心选择的应用协议才能通过防火墙，所以网络环境会变得更安全。例如，防火墙可以禁止诸如众所周知的不安全的NFS协议进出受保护的网络，这样外部的攻击者就不可能利用这些脆弱的协议来攻击内部网络。防火墙同时可以保护网络免受基于路由的攻击，如IP选项中的源路由攻击和ICMP重定向中的重定向路径。防火墙应该可以拒绝所有以上类型攻击的报文并通知防火墙管理员。

2. 防火墙可以强化网络安全策略

通过以防火墙为中心的安全方案配置，能将所有安全软件(如口令、加密、身份认证、审计等)配置在防火墙上。与将网络安全措施分散到各个主机上相比，防火墙的集中安全管理更经济。例如在网络访问时，口令系统和其他的身份认证系统完全可以不必分散在各个主机上，而集中在防火墙身上。

3. 对网络存取和访问进行监控审计

如果所有的访问都经过防火墙，那么防火墙就能记录下这些访问并做日志记录。同时，也能提供网络使用情况的统计数据。当发生可疑动作时，防火墙能进行适当报警，并提供网络是否受到监测和攻击的详细信息。另外，收集一个网络的使用和误用情况也是非常重要的，这样用户可以清楚防火墙是否能够抵挡攻击者的探测和攻击，并且清楚防火墙的控制是否充足。而网络使用统计对网络需求分析和威胁分析等而言也是非常重要的。

4. 防止内部信息的外泄

利用防火墙对内部网络的划分，可以实现内部网重点网段的隔离，从而限制局部重点或敏感网络安全问题对全局网络造成的影响。再者，隐私是内部网络非常关心的问题，一个内部网络中不引人注意的细节可能包含了有关安全的线索，而引起外部攻击者的兴趣，甚至因此会暴露内部网络的某些安全漏洞。使用防火墙就可以隐蔽那些透漏内部细节的如Finger、DNS等服务。Finger显示了主机的所有用户的注册名、真名、最后登录时间和使用shell类型等。Finger显示的信息非

常容易被攻击者所获悉，攻击者可以知道一个系统使用的频繁程度、这个系统是否有用户正在连线上网、这个系统是否在被攻击时引起注意等。而使用防火墙就可以阻塞有关内部网络中的DNS信息，这样一台主机的域名和IP地址就不会被外界所了解。除了安全方面的作用外，防火墙还支持具有Internet服务特性的企业内部网络技术体系VPN(虚拟专用网)。

12.7.2 防火墙的分类

根据防火墙的分类标准，可以分为多种类型，这里遵循的当然是根据网络体系结构来进行分类。按照这样的标准衡量，可以有以下几种类型的防火墙。

1. 网络级防火墙

一般是基于源地址和目的地址、应用或协议以及每个IP包的端口来做出通过与否的判断。一个路由器便是一个传统的网络级防火墙，大多数的路由器都能通过检查这些信息来决定是否将所收到的包转发，但它不能判断出一个IP包来自何方，去往何处。

先进的网络级防火墙可以判断这一点，它可以提供内部信息以说明所通过的连接状态和一些数据流的内容，把判断的信息与规则表进行比较，在规则表中定义了各种规则来表明是否同意或拒绝包的通过。包过滤防火墙检查每一条规则直至发现包中的信息与某条规则相符。如果没有一条规则能符合，防火墙就会使用默认规则。一般情况下，默认规则就是要求防火墙丢弃该包。其次，通过定义基于TCP或UDP数据包的端口号，防火墙能够判断是否允许建立特定的连接，如Telnet、FTP连接。

下面是某一个网络级防火墙的访问控制规则。

(1) 允许网络123.1.0使用FTP(21口)访问主机150.0.0.1；

(2) 允许IP地址为202.103.1.18和202.103.1.14的用户Telnet(23口)到主机l500.0.2上；

(3) 允许任何地址的E-mail(25口)进入主机150.0.0.3；

(4) 允许任何WWW数据(80口)通过；

(5) 不允许其他数据包进入。

网络级防火墙简洁、速度快、费用低，并且对用户透明，但是对网络的保护程度很有限，因为它只检查地址和端口，对网络更高协议层的信息无理解能力。

2. 应用级网关

应用级网关就是常说的"代理服务器"，它能够检查进出的数据包，通过网关复制传递数据，防止在受信任服务器和客户机与不受信任的主机之间直接建立联系。应用级网关能够理解应用层上的协议，能够做复杂一些的访问控制，并做精细的注册和稽核，但每一种协议需要有相应的代理软件，使用时工作量大，效率不如网络级防火墙。

常用的应用级防火墙已有了相应的代理服务器，例如HTTP、NNTP、FTP、Telnet、rlogin、X-windows等，但是对于新开发的应用尚没有相应的代理服务，它们将通过网络级防火墙和一般的代理服务。

应用级网关有较好的访问控制，是目前最安全的防火墙技术，但实现起来比较困难，而且有的应用级网关缺乏"透明度"，在实际使用中，用户在受信任的网络上通过防火墙访问Internet时，经常会发现存在着延迟并且必须进行多次登录(Login)才能访问Internet或Intranet。

3. 电路级网关

电路级网关用来监控受信任的客户或服务器与不受信任的主机之间的TCP握手信息，以此来决定该会话Session是否合法。电路级网关在OSI模型中的会话层上过滤数据包，这样要比包过滤防火墙高两层。实际上，电路级网关并非作为一个独立的产品存在，它常与其他的应用级网关结合在一起，如TrustInformationSystems公司的GauntletInternetFirewall、DEC公司的AltaVistaFirewall等产品。另外，电路级网关还提供一个重要的安全功能：代理服务器(ProxyServer)。代理服务器是一个防火墙，在其上运行一个叫做"地址转移"的进程，来将公司内部的所有IP地址映射到一个"安全"的IP地址，这个地址是由防火墙使用的。电路级网关也存在着一些缺陷，因为该网关在会话层上工作，所以它就无法检查应用层级的数据包。

4. 规则检查防火墙

该防火墙结合了包过滤防火墙、电路级网关和应用级网关的特点，它同包过滤防火墙一样，能够在OSI网络层上通过IP地址和端口号过滤进出的数据包，它也像电路级网关一样，能够检查SYN、ACK标记和序列数字是否逻辑有序。当然，它也像应用级网关一样，可以在OSI应用层上检查数据包的内容，并查看这些内容是否符合公司网络的安全规则。

规则检查防火墙虽然集成了前三者的特点，但是不同于应用级网关的是，它并不打破客户机/服务机模式来分析应用层的数据，但允许受信任的客户机和不受信任的主机之间直接建立连接。规则检查防火墙不依靠与应用层有关的代理，而依靠某种算法来识别进出的应用层数据，这些算法通过已知合法数据包的模式来比较进出数据包，这样从理论上就能比应用级代理在过滤数据包上更有效。

目前在市场上流行的防火墙大多属于规则检查防火墙，因为该防火墙对用户透明，在OSI最高层上加密数据，不需要用户去修改客户端的程序，也无需对每个需要在防火墙上运行的服务额外地增加一个代理。如现在最流行的防火墙之一OnTechnology软件公司生产的OnGuard和CheckPoint软件公司生产的FireWall-1防火墙，它们都是一种规则检查防火墙。

从趋势上看，未来的防火墙将位于网络级防火墙和应用级防火墙之间，也就是说，网络级防火墙将变得更加能够识别通过的信息，而应用级防火墙在目前的功能上则向"透明"、"低级"方面发展。最终，防火墙将成为一个快速注册稽查系统，可保护数据以加密方式通过，使所有组织可以放心地在节点之间传送数据。

12.8 网络安全性的解决方法

网络安全性的解决方法有以下几种。

1. 有效防护黑客攻击

Web、FTP和DNS这些服务器较容易引起黑客的注意，并遭受攻击。从服务器自身安全来讲，只开放其基本的服务端口，关闭所有无关的服务端口。如DNS服务器只开放TCP/UDP42端口，Web服务器只开放FCP80端口，FTP服务器只开放TCP21端口；在每一台服务器上都安装了系统监控软件和反黑客软件，提供安全防护作用并识别恶意攻击，一旦发现攻击，会通过中断用户进程和挂起用户账号来阻止非法攻击；有效利用服务器自动升级功能定期对服务器进行安全漏洞扫描，管理员及时对网络系统进行打补丁；对于关键的服务器，如计费服务器、中心数据库服务

器等，可用专门的防火墙保护，或放在受保护的网络管理网段内。

为了从物理上保证网络的安全性，特别是防止外部黑客入侵，可以将内部网络中所分配的IP地址与计算机网卡上的MAC地址绑定起来，使网络安全系统在甄别内部信息节点时具有物理上的唯一性。

2. 设置使用权限

服务器要进行权限的设置，如果局域网中经常设置成对任何人开放，是很危险的，这会使任何人都可以很容易接触到所有数据，所以应该针对不同的用户设置相应的只读、可读写、可完全控制等权限，只有指定的用户才有相应的权限对数据进行修改设置，这样就能最大限度地保护数据的安全。

3. 建立病毒防护体系

对于一个网络系统而言，绝不能简单地使用单机版的病毒防治软件，因为服务器和单机遭受的风险不一样，所以单机版杀毒软件无法满足服务器的使用要求，必须有针对性地选择性能优秀的专业级网络杀毒软件，以建立实时的、全网段的病毒防护体系，它是网络系统免遭病毒侵扰的重要保证。用户可以根据本网络的拓扑结构来选择合适的产品，及时升级杀毒软件的病毒库，并在相关的病毒防治网站上及时下载特定的防杀病毒工具查杀顽固性病毒，这样才能有较好的病毒防范能力。

4. 加强网络安全意识

加强网络中用户名及密码的安全，必须为系统建立用户名和相应的密码，绝不能使用默认用户名或不加密码；密码的位数不要短于6位，最好使用大小写字母、标点和数字的混合集合，并定期更改密码；不要所有的地方都用一个密码，不要把自己的密码写在别人可以看到的地方，最好是强记在脑子里，不要在输入密码的时候让别人看到，更不能把自己的密码告诉别人；重要岗位的人员调离时，应进行注销，并更换系统的用户名和密码，移交全部技术资料。对重要数据信息进行必要的加密和认证技术，以保证万一数据信息泄漏也能防止信息内容泄漏。

此外，对于网络中的硬件设备、软件、数据等都有冗余备份，并具有在较短时间内恢复系统运行的能力。对于存放重要数据库的服务器，应选用性能稳定的专用服务器，并且配备UPS等相关的硬件应急保障设备，硬盘最好作Raid备份，并定时对数据作光盘备份。

总之，要想建立一个高效、稳定、安全的计算机网络系统，不能仅仅依靠防火墙、杀毒软件等单个的系统，需要仔细考虑系统的安全需求，将系统配置、认证技术、加密技术等各个方面的工作结合在一起才能够实现。当然，绝对安全可靠的网络系统是不存在的，而采用以上措施来保护网络安全，只不过是为了让网络数据在面临威胁的时候能将所遭受到的损失降到最低。

12.9 本章小结

本章主要介绍了网站的上传与维护。

- 在菜单栏中执行"命令"|"清理XHTML"命令，弹出"清理HTML/XHTML"对话框，在该对话框中选中需要清理的内容，包括"空标签区块"、"多余的嵌套标签"或"不属于Dreamweaver的HTML注解"等。然后单击"确定"按钮，即可完成对页面指定内容的清理。
- 在菜单栏中执行"命令"|"清理Word生成的HTML"命令，弹出"清理Word生成的HTML"

对话框，在"基本"选项卡中可以设置要清理的内容，包括"删除所有Word特定的标记"或"应用源格式"等内容。单击"详细"选项卡，在该选项卡中可以进一步设置要清理的Word文档中的特定标记以及CSS样式表的内容，然后单击"确定"按钮，即可完成对页面中由Word生成的HTML内容的清理。

- 在菜单栏中执行"站点"|"报告"命令，弹出"报告"对话框，在"报告在"下拉列表中，可以选择对当前文档、整个当前本地站点、站点中的已选文件还是文件夹查看报告。在"选择报告"列表框中，可以详细地设置要查看的工作流程和HTML报告中的具体信息。单击"运行"按钮，即可在"站点报告"面板中生成站点报告。

- 在菜单栏中执行"编辑"|"查找和替换"命令，弹出"查找和替换"对话框，可以在"查找范围"下拉列表中指定要查找的文件范围。在"搜索"下拉列表中，可以选择对"源代码"、"文本"或"指定标签"等内容进行搜索，然后在"查找"文本框中输入要查找的内容，在"替换"文本框中输入要替换的内容，然后单击"替换全部"按钮，即可对该内容进行替换。

12.10 课后习题

1. 选择题

（1）通过使用Dreamweaver中提供的"清理XHTML"命令，可以减少无用代码的（　　）。

    A. 字数　　　　　　B. 数量　　　　　　C. 大小　　　　　　D. 行数

（2）网站建设好之后，就要在网上给网站注册个标识，即（　　）。

    A.木马　　　　　　B. 病毒　　　　　　C. 域名　　　　　　D. 空间

2. 填空题

（1）而通过使用Dreamweaver中的"＿＿＿＿＿＿"或"检查整个当前本地站点的链接"功能，可以帮助用户快速检查站点中网页的链接，避免出现链接错误。

（2）将网站上传到网络服务器之前，首先要在网络服务器上＿＿＿＿＿＿和＿＿＿＿＿＿，同时，还要设置远程主机信息，最后将网站上传。

3. 判断题

（1）通过定期备份数据，可以防止服务器出现突发错误丢失数据，又可以防止网站被黑客入侵进行破坏。（　　）

（2）Dreamweaver的浏览器兼容性检查功能可以对文档的代码进行测试，该检查可以对文档进行更改。（　　）

第 13 章
综合案例

在网络飞速发展的今天,网站已经成了生活中必不可少的一部分,如何制作一个既美观又实用的网站已成为关键。本章将根据前面介绍的知识来制作3个不同的案例,其中包括房地产网站、会员注册页面以及红酒网站。通过本章的学习,相信读者可以对前面介绍的内容有所巩固。

13.1 制作房地产网站

源 文 件:	源文件\场景\第13章\制作房地产网站.html
视频文件:	视频\第13章\13.1.avi

本例介绍如何制作房地产网站，效果如图13-1所示，其具体操作步骤如下所述。

01 启动Dreamweaver CS6，在菜单栏中执行"文件"｜"新建"命令，如图13-2所示。

图13-1 房地产网站

图13-2 执行"新建"命令

02 选择"空白页"选项卡，在"页面类型"下拉列表框中选择"HTML"选项，在"布局"下拉列表框中选择"无"选项，如图13-3所示。

03 选择完成后，单击"创建"按钮，即可创建一个空白的网页文档。在菜单栏中执行"插入"｜"表格"命令，如图13-4所示。

04 在弹出的对话框中将"行数"设置为"3"，"列"设置为"1"，"表格宽度"设置为"1004像素"，再将"边框粗细"、"单元格边距"和"单元格间距"都设置为"0"，如图13-5所示。

图13-3 "新建文件"对话框

图13-4 执行"表格"命令

图13-5 "表格"对话框

05 设置完成后，单击"确定"按钮，即可插入一个3行1列的表格，如图13-6所示。

06 将光标置入到第一行单元格中，再在菜单栏中执行"插入"｜"媒体"｜"插件"命令，如图13-7所示。

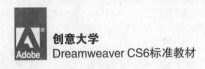
07 在弹出的对话框中选择随书附带光盘中的"源文件\素材\第13章\导航动画.swf"文件，如图13-8所示。

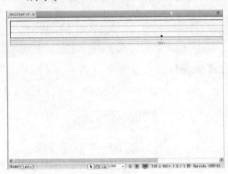

图13-6 插入表格   图13-7 执行"插件"命令   图13-8 选择素材文件

08 选择完成后，单击"确定"按钮，即可将选中的对象插入到单元格中，效果如图13-9所示。

09 将光标置入到第二行单元格中，在菜单栏中执行"修改"|"表格"|"拆分单元格"命令，如图13-10所示。

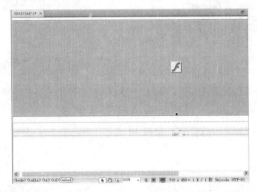

图13-9 插入Flash动画   图13-10 执行"拆分单元格"命令

10 在弹出的对话框中选中"列"单选按钮，将"列数"设置为"13"，如图13-11所示。

11 设置完成后，单击"确定"按钮，即可对该单元格进行拆分，效果如图13-12所示。

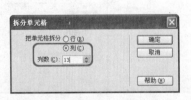
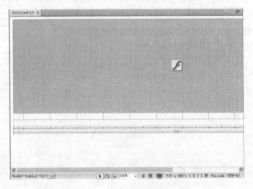

图13-11 "拆分单元格"对话框   图13-12 拆分单元格后的效果

12 在拆分后的单元格中输入相应的文字，效果如图13-13所示。

13 在文档窗口中选择第二行单元格，在菜单栏中执行"格式"|"CSS样式"|"新建"命令，如图13-14所示。

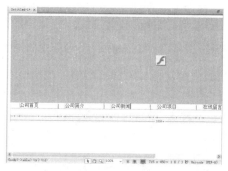

图13-13　输入文字后的效果

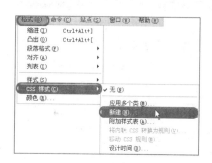

图13-14　执行"新建"命令

14 在弹出的对话框中将"选择器名称"设置为"dhwz"，如图13-15所示。

15 设置完成后，单击"确定"按钮，在弹出的对话框中将"Color"设置为"#FFF"，如图13-16所示。

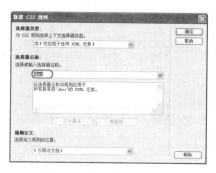

图13-15　设置选择器名称

图13-16　设置颜色

16 设置完成后，单击"确定"按钮，继续选中第二行单元格，在"属性"面板中单击"居中对齐"按钮，将"高"设置为"35"，将"背景颜色"设置为"#006633"，并调整单元格的宽度，如图13-17所示。

17 将光标置入到第三行单元格中，在菜单栏中执行"插入"|"图像"命令，如图13-18所示。

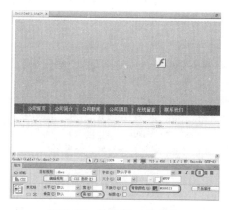

图13-17　设置.dhwz的属性

图13-18　执行"图像"命令

18 在弹出的对话框中选择随书附带光盘中的源文件\素材\第13章\图像.jpg文件，如图13-19所示。

19 选择完成后，单击"确定"按钮，即可将选中的素材图像插入到该单元格中，效果如图13-20所示。

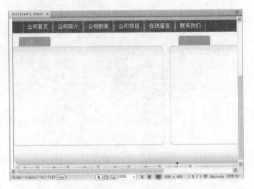

图13-19 选择素材文件 　　　　　　　图13-20 插入图像后的效果

20 在菜单栏中执行"插入"|"布局对象"|"AP Div"命令，如图13-21所示。

21 选中插入的AP Div，在"属性"面板中将"左"、"上"、"宽"、"高"分别设置为"38px"、"337px"、"587px"、"30px"，按Enter键确认，如图13-22所示。

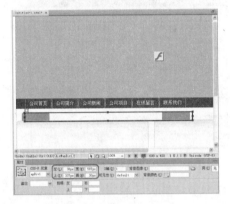

图13-21 执行"AP Div"命令 　　　　　图13-22 设置AP Div的属性

22 将光标置入到AP Div中，在菜单栏中执行"插入"|"表格"命令，在弹出的对话框中将"行数"设置为"1"，"列"设置为"1"，"表格宽度"设置为"100百分比"，如图13-23所示。

23 设置完成后，单击"确定"按钮，即可插入一行一列的单元格，在该单元格中输入相应的文字，效果如图13-24所示。

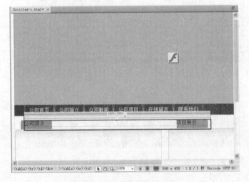

图13-23 设置表格参数 　　　　　　　图13-24 输入文字

24 选中输入的文字，在菜单栏中执行"格式"|"CSS样式"|"新建"命令，在弹出的对话框中将"选择器名称"设置为"wz1"，如图13-25所示。

25 设置完成后，单击"确定"按钮，在弹出的对话框中将"Font-size"设置为"18px"，
"Font-weight"设置为"bold"，"Color"设置为"#FFF"，如图13-26所示。

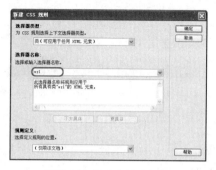
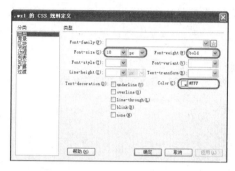

图13-25　设置选择器名称　　　　　　　　　　图13-26　设置.wz1的CSS样式

26 设置完成后，单击"确定"按钮，在"属性"面板中将"高"设置为"28"，如图13-27所示。

27 在菜单栏中执行"插入"|"布局对象"|"AP Div"命令，选中插入的AP Div，在"属性"
面板中将"左"、"上"、"宽"、"高"分别设置为"16px"、"372px"、"453px"、
"291px"，设置后的效果如图13-28所示。

图13-27　设置单元格高度　　　　　　　　　　图13-28　设置AP Div属性

28 按Ctrl+Alt+T组合键，在弹出的对话框中将"列"设置为"2"，如图13-29所示。

29 设置完成后，单击"确定"按钮，即可插入一个一行两列的单元格，将光标置入新插入表格
的第一列单元格中，按Ctrl+Alt+I组合键，在弹出的对话框中选择随书附带光盘中的源文件\素
材\第13章\图像00.jpg文件，如图13-30所示。

图13-29　"表格"对话框　　　　　　　　　　图13-30　选择素材文件

③⓪ 单击"确定"按钮，即可将该素材图片插入该单元格中，选中该素材图片，在"属性"面板
中将"宽"、"高"分别设置为"150"、"211"，如图13-31所示。

③① 将光标置入其右侧的单元格中，输入相应的文字，效果如图13-32所示。

图13-31 插入图像

图13-32 输入文字

③② 选中输入的文字，在菜单栏中执行"格式"|"CSS样式"|"新建"命令，在弹出的对话框中
将"选择器名称"设置为"wz2"，如图13-33所示。

③③ 设置完成后，单击"确定"按钮，在弹出的对话框中将"Font-size"设置为"13px"，
"Line-height"设置为"30px"，"Color"设置为"#000"，如图13-34所示。

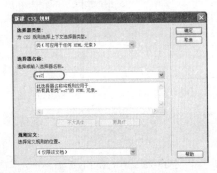

图13-33 设置选择器名称

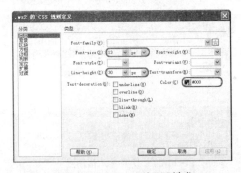

图13-34 设置wz2的CSS样式

③④ 设置完成后，单击"确定"按钮，即可为其应用该样式，在文档窗口中调整该表格的大小，
调整后的效果如图13-35所示。

③⑤ 设置完成后，使用同样的方法插入其他对象并输入相应的文字，效果如图13-36所示。

图13-35 应用样式后的效果

图13-36 插入其他对象后的效果

13.2 制作会员注册页面

源 文 件：	源文件\场景\第13章\制作会员注册页面.html
视频文件：	视频\第13章\13.2.avi

本例介绍使用表单对象制作会员注册页面的方法，效果如图13-37所示。

01 运行Dreamweaver CS6软件，在菜单栏中执行"文件"|"新建"命令，弹出"新建文档"对话框，选择"空白页"选项卡，在"页面类型"下拉列表框中选择"HTML"选项，在"布局"下拉列表框中选择"无"选项，如图13-38所示。

图13-37 效果图   图13-38 "新建文档"对话框

02 单击"创建"按钮，即可创建一个空白的网页文档，然后在"属性"面板中单击"页面属性"按钮，如图13-39所示。

03 弹出"页面属性"对话框，在左侧的"分类"列表框中选择"外观（HTML）"选项，然后在右侧的设置区域中将"左边距"和"上边距"均设置为"0"，如图13-40所示。

04 设置完成后，单击"确定"按钮，然后在菜单栏中执行"插入"|"表格"命令，如图13-41所示。

图13-39 单击"页面属性"按钮   图13-40 "页面属性"对话框   图13-41 执行"表格"命令

05 弹出"表格"对话框，在该对话框中将"行数"和"列"均设置为"1"、将"表格宽度"设置为"700像素"，将"边框粗细"、"单元格边距"和"单元格间距"均设置为"0"，单击"确定"按钮，如图13-42所示。

06 即可在文档窗口中插入表格，然后在"属性"面板中将"对齐"设置为"居中对齐"，如

图13-43所示。

图13-42 "表格"对话框

图13-43 设置对齐方式

07 将光标置入单元格中，然后在菜单栏中执行"插入"|"图像"命令，弹出"选择图像源文件"对话框，在该对话框中选择随书附带光盘中的"源文件\素材\第13章\开心玩具网.jpg"文件，单击"确定"按钮，如图13-44所示。

08 即可将选择的图像插入到单元格中，然后在"属性"面板中将素材图像的"宽"和"高"分别设置为"700 px"和"171px"，如图13-45所示。

图13-44 选择素材文件

图13-45 调整素材文件

09 使用同样的方法，继续插入表格，然后在表格中插入素材图像，并在"属性"面板中调整素材图像的大小，如图13-46所示。

10 将光标置入第3个表格的右侧，然后在菜单栏中执行"插入"|"表格"命令，弹出"表格"对话框，在该对话框中将"行数"和"列"均设置为"3"，将"表格宽度"设置为"700像素"，将"边框粗细"和"单元格边距"均设置为"0"，将"单元格间距"设置为"5"，如图13-47所示。

图13-46 插入表格和素材图像

图13-47 "表格"对话框

⑪ 单击"确定"按钮，即可在文档窗口中插入表格，然后在"属性"面板中将"对齐"设置为"居中对齐"，如图13-48示。

⑫ 将光标置入第一个单元格中，在"属性"面板中将"水平"设置为"右对齐"，将"宽"和"高"分别设置为"157"和"30"，并在单元格中输入文字，如图13-49所示。

图13-48 设置对齐方式 | 图13-49 设置单元格属性并输入文字

⑬ 然后选择输入的文字，在"属性"面板中单击"编辑规则"按钮，弹出"新建CSS规则"对话框，在该对话框中将"选择器类型"设置为"类（可应用于任何HTML元素）"，将"选择器名称"设置为"wen1"，如图13-50所示。

⑭ 设置完成后单击"确定"按钮，弹出".wen1的CSS规则定义"对话框，在左侧的"分类"列表框中选择"类型"选项，然后在右侧的设置区域中将"Font-size"设置为"14px"，将"Color"设置为"#333333"，如图13-51所示。

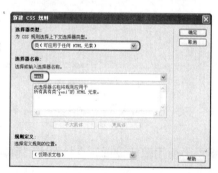

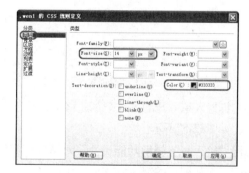

图13-50 "新建CSS规则"对话框 | 图13-51 ".wen1的CSS规则定义"对话框

⑮ 单击"确定"按钮，即可为选择的文字应用该样式，如图13-52所示。

⑯ 将光标置入第一行的第二个单元格中，在"属性"面板中将"水平"设置为"右对齐"，将"宽"设置为"15"，并在单元格中输入*号，如图13-53所示。

⑰ 选择输入的*号，在"属性"面板中单击"编辑规则"按钮，弹出"新建CSS规则"对话框，在该对话框中将"选择器类型"设置为

图13-52 应用样式

"类（可应用于任何HTML元素）"，将"选择器名称"设置为"xing"，如图13-54所示。

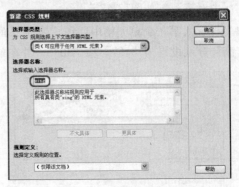

图13-53　设置单元格属性并输入*号　　　　　图13-54　"新建CSS规则"对话框

18 设置完成后单击"确定"按钮，弹出".xing的CSS规则定义"对话框，在左侧的"分类"列表框中选择"类型"选项，然后在右侧的设置区域中将"Color"设置为"#F00"，如图13-55所示。

19 单击"确定"按钮，即可为选择的*号应用该样式，如图13-56所示。

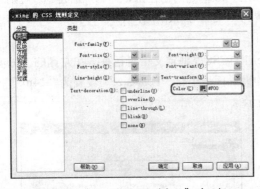

图13-55　".xing的CSS规则定义"对话框　　　　图13-56　应用样式

20 将光标置入第一行的第三个单元格中，然后在菜单栏中执行"插入"|"表单"|"文本域"命令，如图13-57所示。

21 弹出"输入标签辅助功能属性"对话框，在该对话框中使用默认设置，直接单击"确定"按钮即可，如图13-58所示。

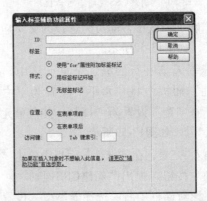

图13-57　执行"文本域"命令　　　　　图13-58　"输入标签辅助功能属性"对话框

㉒ 此时系统将会自动弹出信息提示对话框，在该信息提示对话框中单击"是"按钮，即可在单元格中插入单行文本域，然后选择插入的文本域，在"属性"面板中将"字符宽度"设置为"35"，如图13-59所示。

㉓ 使用同样的方法，设置其他单元格属性，并在单元格中输入文字，然后为输入的文字应用CSS样式，最后插入单行文本域，效果如图13-60所示。

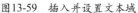

图13-59　插入并设置文本域

图13-60　输入文字并插入文本域

㉔ 在新插入表格的下方插入一个行数和列均为"1"，宽度为"700像素"，边框粗细、单元格边距和单元格间距都为"0"的表格，然后在表格中插入素材图像"联系方式.jpg"，并在"属性"面板中调整素材图像的大小，如图13-61所示。

㉕ 将光标置入新插入表格的右侧，在菜单栏中执行"插入"|"表格"命令，弹出"表格"对话框，在该对话框中将"行数"设置为"7"，"列"设置为"3"，将"表格宽度"设置为"700像素"，将"边框粗细"和"单元格边距"均设置为"0"，将"单元格间距"设置为"5"，如图13-62所示。

图13-61　插入表格和素材图像

图13-62　"表格"对话框

㉖ 单击"确定"按钮，即可在文档窗口中插入表格，然后在"属性"面板中将"对齐"设置为"居中对齐"，如图13-63所示。

㉗ 使用前面介绍的方法，设置单元格属性，然后输入文字并应用CSS样式，最后在需要的地方插入文本域，如图13-64所示。

㉘ 将光标置入第二行的第三个单元格中，然后在菜单栏中执行"插入"|"表单"|"单选按钮"命令，如图13-65所示。

㉙ 弹出"输入标签辅助功能属性"对话框，在该对话框中使用默认设置，直接单击"确定"按

钮即可，此时系统将会自动弹出信息提示对话框，在该信息提示对话框中单击"是"按钮，即可在单元格中插入单选按钮，如图13-66所示。

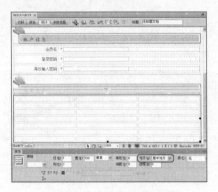

图13-63　设置对齐方式

图13-64　输入文字并插入文本域

图13-65　执行"单选按钮"命令

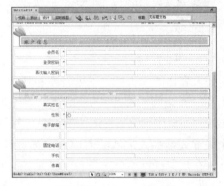

图13-66　插入的单选按钮

30　然后在插入的单选按钮后面输入文字"男"，并选择输入的文字，在"属性"面板中单击"编辑规则"按钮，弹出"新建CSS规则"对话框，在该对话框中将"选择器类型"设置为"类（可应用于任何HTML元素）"，将"选择器名称"设置为"wen2"，如图13-67所示。

31　设置完成后单击"确定"按钮，弹出".wen2的CSS规则定义"对话框，在左侧的"分类"列表框中选择"类型"选项，然后在右侧的设置区域中将"Font-size"设置为"13px"，将"Color"设置为"#333"，如图13-68所示。

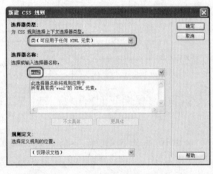

图13-67　"新建CSS规则"对话框

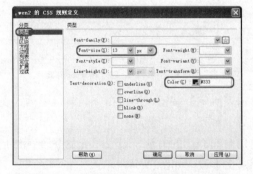

图13-68　".wen2的CSS规则定义"对话框

32　单击"确定"按钮，即可为选择的文字应用该样式，如图13-69所示。

33　然后选择插入的单选按钮，在"属性"面板中选中"已勾选"复选框，如图13-70所示。

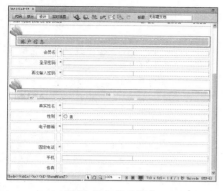

图13-69　应用样式　　　　　　　　　　　图13-70　选中"已勾选"复选框

34 使用同样的方法，继续插入单选按钮，并在单选按钮的后面输入文字，然后为文字应用样式"wen2"，如图13-71所示。

35 将光标置入第四行的第三个单元格中，然后在单元格中输入文字，如图13-72所示。

图13-71　插入单选按钮并输入文字　　　　　　　图13-72　输入文字

36 选择输入的文字，在"属性"面板中单击"编辑规则"按钮，弹出"新建CSS规则"对话框，在该对话框中将"选择器类型"设置为"类（可应用于任何HTML元素）"，将"选择器名称"设置为"wen3"，如图13-73所示。

37 设置完成后单击"确定"按钮，弹出".wen3的CSS规则定义"对话框，在左侧的"分类"列表框中选择"类型"选项，然后在右侧的设置区域中将"Font-size"设置为"13px"，将"Color"设置为"#F00"，如图13-74所示。

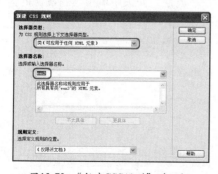

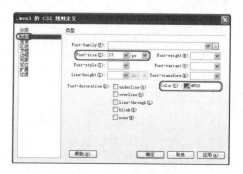

图13-73　"新建CSS规则"对话框　　　　图13-74　".wen3的CSS规则定义"对话框

38 单击"确定"按钮，即可为选择的文字应用该样式，如图13-75所示。

39 将光标置入第五行的第三个单元格中,然后在菜单栏中执行"插入"|"表单"|"表单"命令,即可在单元格中插入表单,如图13-76所示。

图13-75　应用样式

图13-76　插入的表单

40 然后在单元格中输入文字,并为输入的文字应用"wen2"样式,如图13-77所示。

41 将光标置入新输入文字的右侧,然后在菜单栏中执行"插入"|"表单"|"文本域"命令,如图13-78所示。

42 弹出"输入标签辅助功能属性"对话框,在该对话框中单击"确定"按钮,即可在单元格中插入单行文本域,然后选择插入的文本域,在"属性"面板中将"字符宽度"设置为"10",如图13-79所示。

图13-77　输入文字并应用样式

图13-78　执行"文本域"命令

图13-79　设置字符宽度

43 使用同样的方法,输入其他文字并插入文本域,效果如图13-80所示。

44 使用前面介绍的方法,插入一个1行1列,宽度为"700像素",单元格间距为"0"的表格,然后在表格中插入素材图像"公司信息.jpg",并在"属性"面板中调整素材图像的大小,如图13-81所示。

图13-80　输入文字并插入文本域

图13-81　插入表格和素材图像

45 将光标置入新插入表格的右侧，然后在菜单栏中执行"插入"|"表格"命令，弹出"表格"对话框，在该对话框中将"行数"设置为"6"，"列"设置为"3"，将"表格宽度"设置为"700像素"，将"边框粗细"和"单元格边距"均设置为"0"，将"单元格间距"设置为"5"，如图13-82所示。

46 单击"确定"按钮，即可在文档窗口中插入表格，然后在"属性"面板中将"对齐"设置为"居中对齐"，如图13-83所示。

47 使用前面介绍的方法，设置单元格属性，并在单元格中输入文字，然后插入文本域，如图13-84所示。

图13-82 "表格"对话框

图13-83 设置对齐方式

图13-84 输入文字并插入文本域

48 将光标置入第二行的第三个单元格中，然后在菜单栏中执行"插入"|"表单"|"选择（列表/菜单）"命令，如图13-85所示。

49 弹出"输入标签辅助功能属性"对话框，在该对话框中使用默认设置，直接单击"确定"按钮即可，此时系统将会自动弹出信息提示对话框，在该对话框中单击"是"按钮，即可在单元格中插入列表菜单，并选择插入的列表菜单，在"属性"面板中单击"列表值"按钮，如图13-86所示。

50 弹出"列表值"对话框，在该对话框中单击 ➕ 按钮来添加项目标签，并为添加的标签输入名称，如图13-87所示。

图13-85 执行"选择（列表/菜单）"命令

图13-86 单击"列表值"按钮

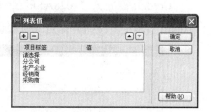

图13-87 "列表值"对话框

51 单击"确定"按钮，然后在"属性"面板中将"初始化时选定"设置为"请选择"，如图13-88所示。

52 将光标置入第四行的第三个单元格中，然后在菜单栏中执行"插入"|"表单"|"复选框"命

令，如图13-89所示。

53 弹出"输入标签辅助功能属性"对话框，在该对话框中使用默认设置，直接单击"确定"按钮即可，此时系统将会自动弹出信息提示对话框，在该对话框中单击"是"按钮，即可在单元格中插入复选框，如图13-90所示。

图13-88　设置初始化时选定　　　　图13-89　执行"复选框"命令　　　　图13-90　插入的复选框

54 然后在插入的复选框后面输入文字，如图13-91所示。

55 选择输入的文字，在"属性"面板中单击"编辑规则"按钮，弹出"新建CSS规则"对话框，在该对话框中将"选择器类型"设置为"类（可应用于任何HTML元素）"，将"选择器名称"设置为"wen4"，如图13-92所示。

图13-91　输入文字　　　　　　　　　　图13-92　"新建CSS规则"对话框

56 设置完成后单击"确定"按钮，弹出".wen4的CSS规则定义"对话框，在左侧的"分类"列表框中选择"类型"选项，然后在右侧的设置区域中将"Font-size"设置为"13px"，将"Color"设置为"#028AFF"，如图13-93所示。

57 单击"确定"按钮，即可为选择的文字应用该样式，如图13-94所示。

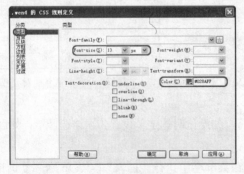

图13-93　".wen4的CSS规则定义"对话框　　　　图13-94　应用样式

[58] 将光标置入第五行的第三个单元格中，然后在菜单栏中执行"插入"|"图像"命令，弹出"选择图像源文件"对话框，在该对话框中选择随书附带光盘中的源文件\素材\第13章\001.jpg文件，单击"确定"按钮，如图13-95所示。

[59] 即可将选择的图像插入到单元格中，如图13-96所示。

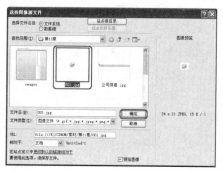

图13-95　选择素材文件

图13-96　插入的图像

[60] 然后在图像的右侧输入文字，并为输入的文字应用样式"wen4"，如图13-97所示。

[61] 将光标置入第六行的第三个单元格中，然后在菜单栏中执行"插入"|"表单"|"按钮"命令，如图13-98所示。

[62] 弹出"输入标签辅助功能属性"对话框，在该对话框中单击"确定"按钮，此时系统将会自动弹出信息提示对话框，在该对话框中单击"是"按钮，即可在单元格中插入按钮，如图13-99所示。

图13-97　输入文字并应用样式

图13-98　执行"按钮"命令

图13-99　插入的按钮

[63] 选择插入的按钮，在"属性"面板中的"值"文本框中输入"提交内容"，如图13-100所示。

[64] 将光标置入表格的右侧，然后在菜单栏中执行"插入"|"表格"命令，弹出"表格"对话框，在该对话框中将"行数"和"列"均设置为"1"，将"表格宽度"设置为"700像素"，将"边框粗细"、"单元格边距"和"单元格间距"均设置为"0"，单击"确定"按钮，如图13-101所示。

[65] 即可在文档窗口中插入表格，然后在"属性"面板中将"对齐"设置为"居中对齐"，如图13-102所示。

图13-100　输入值

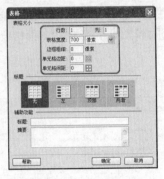

图13-101 "表格"对话框

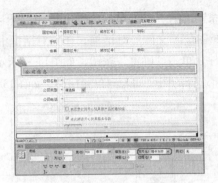

图13-102 设置对齐方式

66 将光标置入新插入的单元格中，在"属性"面板中将"水平"设置为"居中对齐"，并在单元格中输入文字，如图13-103所示。

67 选择输入的文字，在"属性"面板中单击"编辑规则"按钮，弹出"新建CSS规则"对话框，在该对话框中将"选择器类型"设置为"类（可应用于任何HTML元素）"，将"选择器名称"设置为"wen5"，如图13-104所示。

图13-103 输入文字

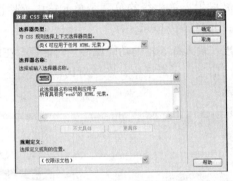

图13-104 "新建CSS规则"对话框

68 设置完成后单击"确定"按钮，弹出".wen5的CSS规则定义"对话框，在左侧的"分类"列表框中选择"类型"选项，然后在右侧的设置区域中将"Font-size"设置为"14px"，将"Color"设置为"#FF3399"，如图13-105所示。

69 单击"确定"按钮，即可为选择的文字应用该样式，如图13-106所示。至此，会员注册页面就制作完成后，将场景文件保存即可。

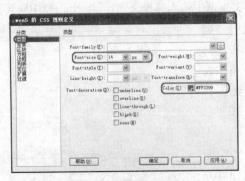

图13-105 ".wen5的CSS规则定义"对话框

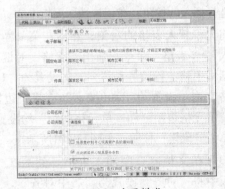

图13-106 应用样式

习题答案

第1章

1. 选择题
（1）C　　　（2）A

2. 填空题
（1）Internet

（2）WWW、3W

3. 判断题
（1）✓

（2）×

第2章

1. 选择题
（1）A　　　（2）B

2. 填空题
（1）插入、编辑文本

（2）段落格式、预格式化文本、段落的对齐方式、设置段落文本的缩进

（3）可以增加内容的次序性和归纳性

3. 判断题
（1）×

（2）✓

4. 上机操作题
（略）

第3章

1. 选择题
（1）D　　　（2）B

2. 填空题
（1）绝对路径、文档相对路径、根相对路径。

（2）"URL地址"、字符

（3）使用"属性"面板创建链接、使用"指向文件"图标创建链接和使用快捷菜单创建链接。

3. 判断题
（1）×

（2）✓

（3）×

4. 上机操作题
（略）

第4章

1. 选择题
（1）C

（2）A

2. 填空题
（1）数据、文本、图片、表单

（2）选定、剪切、复制

（3）宽度和高度、按比例

3. 判断题
（1）×

（2）✓

（3）✓

4. 上机操作题
（略）

第5章

1. 选择题
（1）C　　　（2）D　　　（3）D

2. 填空题
（1）插入、布局对象、AP Div

（2）边框线、选择柄

（3）删除标签、Delete

3. 判断题
（1）✓

（2）✓

4. 上机操作题
（略）

第6章

1. 选择题
（1）B　　　（2）A　　　（3）A

2. 填空题
（1）框架集、单个框架

（2）在原有的框架内创建一个新的框架

（3）Shift+Alt

3. 判断题

（1）✓

（2）×

4. 上机操作题

（略）

第7章

1.选择题

（1）C　　　　（2）A

2.填空题

（1）单调颜色、清晰细节

（2）下降

3.判断题

（1）×

（2）✓

4. 上机操作题

（略）

第8章

1. 选择题

（1）D　　　（2）B　　　（3）C

2. 填空题

（1）9、背景、方框、列表、扩展

（2）不透明度

3. 判断题

（1）×

（2）✓

4. 上机操作题

（略）

第9章

1. 选择题

（1）A　　　（2）D

2. 填空题

（1）打开、隐藏、文本的滑动和页面收缩

（2）设置容器的文本、设置文本域文字、设置框架文本、设置状态栏文本

3. 判断题

（1）×

（2）✓

（3）×

4. 上机操作题

（略）

第10章

1. 选择题

（1）C　　　（2）D

2. 填空题

（1）模板文件

（2）模板、删除模板标记

3. 判断题

（1）✓

（2）×

（3）✓

4. 上机操作题

（略）

第11章

1. 选择题

（1）D　　　（2）A　　　（3）C

2. 填空题

（1）单行文本域、多行文本域、密码域

（2）按钮、按钮、提交、重置

（3）文件域

3. 判断题

（1）✓

（2）×

（3）×

4. 上机操作题

（略）

第12章

1. 选择题

（1）B　　　（2）C

2. 填空题

（1）检查当前文档中的链接

（2）注册域名、申请网络空间

3. 判断题

（1）✓

（2）×